全国水利水电高职教研会
中国高职教研会水利行业协作委员会　规划推荐教材

高职高专土建类专业系列教材

工程测量实训

主　编　蓝善勇　王万喜　鲁有柱
副主编　王郑睿　王勇智　李香玲
主　审　黄文彬

内 容 提 要

本教材共分7个部分，第一部分为普通测量实验，这部分共有16个实验内容；第二部分为全站仪测量实验；第三部分为测量实训；第四部分为数字测图实训；第五部分为习题、自测试题与答案；第六部分为附录：用Casio fx-4800计算器编程示例；第七部分为工程测量实训报告。每个实验、实训都详细介绍了其目的与要求、需要的仪器与工具、内容与时间安排、实验实训的方法与步骤、记录与计算方法、观测的限差与规定、注意事项等内容。

本教材在内容取舍和安排顺序上，与现有的各专业测量教材相配套，可作为国内各类高职院校建筑工程、水利水电建筑工程、工程管理、道路与桥梁工程、给排水工程、市政工程、林业工程、工程测量技术等各类专业的测量实训教材，也可供各类中职学校作为测量实训的教材，还可供城市建设、水利水电工程建设、线路工程建设等专业技术人员参考。

图书在版编目（CIP）数据

工程测量实训/蓝善勇，王万喜，鲁有柱主编. —北京：中国水利水电出版社，2008（2022.7重印）

全国水利水电高职教研会、中国高职教研会水利行业协作委员会规划推荐教材. 高职高专土建类专业系列教材

ISBN 978-7-5084-5915-8

Ⅰ.工… Ⅱ.①蓝…②王…③鲁… Ⅲ.工程测量-高等学校：技术学校-教材 Ⅳ.TB22

中国版本图书馆CIP数据核字（2008）第146508号

书 名	高职高专土建类专业系列教材 全国水利水电高职教研会 中国高职教研会水利行业协作委员会 规划推荐教材 **工程测量实训**
作 者	主 编 蓝善勇 王万喜 鲁有柱 副主编 王郑睿 王勇智 李香玲 主 审 黄文彬
出版发行	中国水利水电出版社 （北京市海淀区玉渊潭南路1号D座 100038） 网址：www.waterpub.com.cn E-mail：sales@mwr.gov.cn 电话：（010）68545888（营销中心）
经 售	北京科水图书销售有限公司 电话：（010）68545874、63202643 全国各地新华书店和相关出版物销售网点
排 版	中国水利水电出版社微机排版中心
印 刷	天津嘉恒印务有限公司
规 格	184mm×260mm 16开本 14印张 332千字
版 次	2008年9月第1版 2022年7月第7次印刷
印 数	21501—25500册
定 价	42.00元

凡购买我社图书，如有缺页、倒页、脱页的，本社营销中心负责调换

版权所有·侵权必究

前言

本教材是根据2007年7月在广西南宁召开的《全国水利高职高专第二轮教材编审会议》的安排和要求，顾及目前国内各类高职院校建筑工程、水利水电建筑工程、工程管理、道路与桥梁工程、给排水工程、市政工程、林业工程、工程测量技术等各类专业、不同层次的教学要求编写的。全书分为普通测量实验，全站仪测量实验，测量实训，数字测图实训，习题、自测试题与答案，用Casio fx-4800计算器编程示例和工程测量实训报告等7个部分。全书内容新颖、图文并茂。编写中注意到高职高专学生的特点，在实训内容安排上由浅到深、从简单到复杂，力求理论与实际相结合，便于学生自学和教师组织教学，有利于全面提高学生的实践能力。

本教材由广西水利电力职业技术学院蓝善勇担任第一主编，并编写了普通测量实验部分的实验1~6、自测试题与答案、测量实训报告部分的内容；山东水利职业技术学院王万喜担任第二主编，并编写了全站仪测量实验部分的内容；杨凌职业技术学院鲁有柱担任第三主编，并编写了习题与答案和用Casio fx-4800计算器编程示例部分的内容；华北水利水电学院水利职业学院王郑睿担任副主编，编写了测量实训部分的地形测量实训内容；河北工程技术高等专科学校王勇智担任副主编，编写了测量实训部分的线路测量实训和建筑物放样实训内容；山东水利职业技术学院李香玲担任副主编，编写了数字测图部分的内容；安徽水利水电职业技术学院许景春编写了普通测量实验部分的实验7、实验8；山西水利职业技术学院姬晓东编写了普通测量实验部分的实验9、实验10；长江工程职业技术学院钟伟编写了普通测量实验部分的实验11、实验12；广西水利电力职业技术学院刘凯编写了普通测量实验部分的实验13、实验14；山东水利职业技术学院李玉芝编写了普通测量实验部分的实验15、实验16。全书由蓝善勇统稿。

浙江水利水电专科学校黄文彬审阅了全书，并提出了宝贵的修改意见，对此表示衷心的感谢。

为了编好这本教材，全国水利高职教研会工民建专业组、市政课程组、测量课程组在2007年7月至2008年8月，先后在广西南宁、安徽合肥和浙江杭州召开了会议，广泛听取各方面专家、教授对教材编写的意见。尽管如此，由于编者水平有限，仍难免存在一些不妥之处，热忱希望各院校使用本教材的教师和读者提出宝贵意见，对书中的缺点和错误给予批评指正。

编 者
2008年9月

目录

前言

第一部分 普通测量实验 ... 1

测量实验须知 ... 1
实验1 水准仪的认识与使用 ... 3
实验2 普通水准测量 ... 7
实验3 微倾式水准仪的检验与校正 ... 11
实验4 经纬仪的认识与使用 ... 18
实验5 测回法观测水平角 ... 23
实验6 全圆测回法观测水平角 ... 27
实验7 竖直角观测 ... 32
*实验8 经纬仪的检验与校正 ... 36
实验9 距离丈量与磁方位角测量 ... 42
实验10 视距测量 ... 46
实验11 经纬仪导线测量 ... 49
实验12 四等水准测量 ... 53
实验13 经纬仪测绘法测图 ... 58
实验14 极坐标法放样 ... 63
实验15 高程与坡度放样 ... 70
实验16 圆曲线放样 ... 77

第二部分 全站仪测量实验 ... 83

实验1 全站仪的认识与基本使用 ... 83
实验2 坐标测量 ... 91
实验3 坐标放样 ... 98
实验4 后方交会测量与面积测量 ... 103
实验5 对边测量与悬高测量 ... 110

第三部分 测量实训 ... 117

实训1 地形测量 ... 117

实训 2　渠道（线路）测量 …………………………………………………… 126
实训 3　建筑物施工放样 ……………………………………………………… 132

第四部分　数字测图实训 ………………………………………………… 136

第五部分　习题、自测试题与答案 ……………………………………… 144
　一、习题与答案 ………………………………………………………………… 144
　二、自测试题与答案 …………………………………………………………… 150

第六部分　附录　用 Casio fx - 4800 计算器编程示例 …………………… 173

第七部分　工程测量实训报告 …………………………………………… 186

第一部分　普通测量实验

测量实验须知

一、测量实验的目的

测量课程是一门实践性很强的课程，测量实验是将测量理论与测量实际操作相结合，是培养具有高技能人才的重要教学环节。测量实验的目的与要求是：通过测量实验，使学生加深理解课堂上所学的理论知识；进一步了解仪器、工具的构造和性能，掌握仪器、工具的使用方法，完成一定的操作测量任务，全面提高学生的仪器操作、记录与计算、数据处理、绘图和建筑物施工放样的实践能力。

二、测量实验准备

实验前，学生需要根据实验项目认真预习实验指导书，弄清实验的目的要求、实验步骤以及有关注意事项，并复习教材中的相关内容，保证按质按量按时完成实验任务。

三、领借仪器、工具注意事项

（1）每次实验前，根据测量实验的要求，每组向仪器室领借仪器、工具时，要当场清点检查，如有不符，要向管理人员说明，以分清责任。

（2）各小组借用的仪器、工具，未经许可不得任意转借或调换，若有损坏或遗失，应立即向指导老师和管理员报告，并根据学院有关规定处理。

（3）实验结束后，各小组应清点所借用的仪器、工具，如数交还仪器室，并注销有关借用手续。

四、使用仪器注意事项

（1）携带仪器时，注意检查仪器箱盖是否锁好，拉手、背带是否牢固。

（2）要注意仪器在箱内的位置。开箱取仪器前，仪器要平放在地面上，打开仪器箱盖时，要注意仪器在箱内的位置，以便使用完后按原样放回，避免因放错位置而损伤仪器。

（3）脚架的高度要调到适当位置。调节仪器脚架高度与使用仪器者肩高位置为好，脚架高度调节完成后架腿螺旋要旋紧。

（4）要连接好仪器。取出仪器时，要一手握住仪器的坚实部分，一手托住仪器，轻放在架头上。连接仪器时，要一手握住仪器支架，一手旋紧连接螺旋。

（5）仪器安置后，人不能随便离开仪器，做到仪器在人在，严防无人看管仪器。

（6）有太阳或下雨时要打伞，严禁仪器日晒雨淋。

（7）不准用手或手帕、粗布擦拭仪器物镜、目镜。仪器箱要盖好，严禁垫坐仪器箱。

（8）转动仪器时首先要松开制动螺旋，转动仪器时要轻。各制动螺旋勿拧过紧，各微动螺旋勿旋至尽头，以免失灵。

（9）仪器搬站时，对于经纬仪一般要装箱，水准仪可不装箱，但要一手握住仪器，一手抱住脚架前进。

（10）仪器装箱上锁。仪器用毕后按原位置装箱，当箱盖无法关闭时，要检查仪器装箱位置是否正确，切勿强压，装箱后要上锁。

（11）实验结束后，应及时将仪器交还仪器室。

五、使用工具注意事项

（1）使用水准尺时，要注意不要靠在墙上或电线杆上，以防摔下损坏。特别注意使用铝金属标尺时不要碰到输电线路，以防触电，造成事故。使用塔尺时应注意接口处的正确连接。

（2）不准用水准尺、标杆作为挑担工具，严禁使用各种测量工具垫坐和打逗玩耍。

（3）使用钢尺时，要注意防压、防扭，用完后应擦净上油。

（4）使用皮尺时，要注意均匀用力拉伸，着水受潮应及时晾干。

（5）小件工具如垂球、测钎、尺垫、照准标志等用完后要记得收回，防止遗失。

六、测量记录注意事项

（1）实验结束时，要整理好实验报告交给指导老师。

（2）实验观测数据要用铅笔记入专门手簿，不得记在其他纸上再转抄。

（3）记录字体要端正清晰，按 2/3 行高进行填写，留出空隙作修改错误用。

（4）记录数字要全，不得省略零位，如水准尺读数 1.200，度盘读数 50°00′00″，123°03′06″中的"0"均不能省略。

（5）观测者读出数据后，记录者要边记录边"回报"一遍，以防听错、记错。

（6）若记录有错，不得用橡皮擦拭涂改，应用横线或斜线划去错误数字，在该数字上方记上正确数字。如：1.3̶6̶5m，162°3̶2′42″；一组记录不能修改两次，如：1.3̶6̶5，162°3̶2′42″；厘米位、毫米位和秒位不得修改，如：1.36̶6m，166°32′4̶2″。

当确实需要修改两次或要修改厘米位、毫米位和秒位时，先将整组数据划去，重新在新的一行记录。并在备注栏上注明修改的原因，如注明"听错"或"读错"。

（7）记录中的进位规则：按"四舍、六进、五前单进双不进"的进位规则进行计算。如数字 1.3224、1.3216、1.3225 和 1.3215 四组数计算取至 3 位小数时，取值均为 1.322。又如 26.4″、25.6″、25.5″和 26.5″取至整秒时取值均为 26″。

七、测量实验分组

测量实验一般以 3~4 人为一组，设组长一名，组长负责仪器的安全、组织和领借、归还，以及仪器、工具和实验报告的收、发工作。

实验 1　水准仪的认识与使用

一、目的与要求
(1) 了解水准仪的构造，认识水准仪各部件的名称及作用。
(2) 初步具有水准仪粗平、照准、精平和读数的能力。
(3) 每人独立测定两点间的高差，各人所测相同两点高差之差应符合要求。

二、仪器与工具
(1) 每组领借：DS_3 水准仪 1 台套，水准尺 2 把，尺垫 2 个，其他附件若干（雨伞 1 把，记录板 1 块等）。
(2) 自备：铅笔，计算器，草稿纸。

三、内容与计划
(1) 认识下列部件，了解其作用：

准星、缺口（照门）、目镜对光螺旋、物镜对光螺旋、圆水准器、水准管（符合水准器）、制动螺旋、微动螺旋、微倾螺旋、脚螺旋。

(2) 每人轮流进行水准仪的粗平、照准、精平和读数练习。
(3) 每人独立操作仪器，测量一站高差。
(4) 时间安排 2 学时。水准仪使用 1 学时，每人测量一站高差 1 学时。

四、方法与步骤

（一）操作示范

指导教师现场操作示范，复习水准仪的构造和各部件的名称和作用，示范操作水准仪安置、粗平、照准、精平和读数的方法，一测站水准测量的方法及提出实验要求、注意事项。

（二）学生分组练习水准仪的使用

(1) 粗平：圆气泡居中，达到粗平。第一种粗平方法是将仪器安置在架头上，并使架头大致水平，然后转动脚螺旋使气泡居中，如图 1-1（a）所示，当气泡偏离如图 1-1（a）的位置时，可转动①、②两个脚螺旋或其中一个螺旋，转动螺旋方向按图中箭头所示方向进行，使气泡从图 1-1（a）所示位置转至图 1-1（b）所示位置。然后按箭头方向转动另一个脚螺旋③使气泡从图 1-1（b）所示位置移动到图 1-1（c）所示位置，即使气泡居中。如图 1-1（b）所示。

第二种方法是将仪器安置在架头上，先移动一个脚架使圆气泡大概居中，然后再用脚螺旋按第一种方法使气泡居中。此种方法的操作是：先将圆气泡位置与要移动的脚架上下对好，然后左右或前后移动脚架。气泡移动方向和脚架移动方向的规律：左右方向移动脚架，气泡移动方向相同，前后方向移动脚架，气泡移动方向相反，使气泡大概居中，然后再用脚螺旋使气泡居中。这种方法非常适合水泥地板，10 多秒钟就能使圆气泡居中。

(2) 照准：即用十字丝竖丝照准水准尺，并且清除视差。

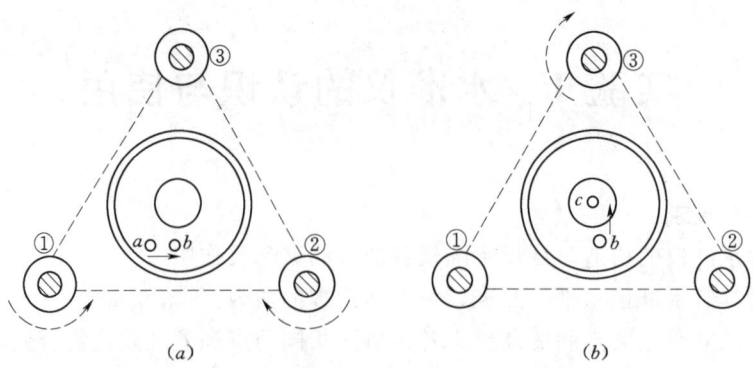

图 1-1 粗平方法

方法：先转动目镜螺旋使十字丝清晰，然后按以下步骤进行操作：

1）初步照准：即松开制动螺旋转动仪器，利用望远镜筒上的准星和照门照准水准尺，旋紧制动螺旋。

2）对光看清目标：即转动物镜对光螺旋，水准尺清晰，并左右转动微动螺旋使十字丝竖丝照准水准尺。

3）消除视差：当眼睛在目镜端上下移动时，十字丝中丝的读数也随着眼睛的移动而发生变化，这种现象称为视差。视差的存在，将影响读数的正确性，因此要消除视差。消除视差的方法是慢慢地转动物镜对光螺旋和目镜对光螺旋，使尺像清楚、十字丝清晰，眼睛上下移动时，中丝读数始终不变，这时即消除了视差。

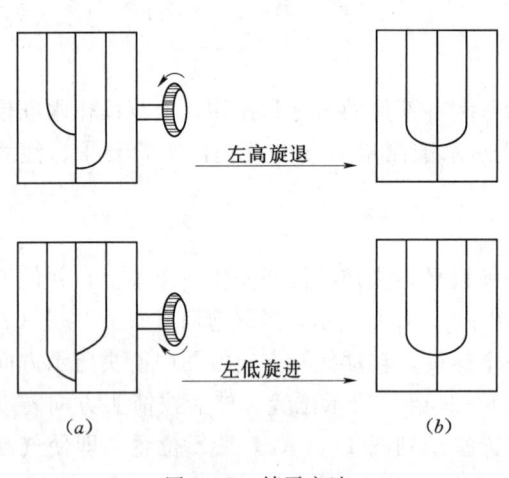

图 1-2 精平方法
(a) 不居中；(b) 居中

（3）精平：即水准管气泡居中。

方法：如图 1-2 所示，转动微倾螺旋使等合水准气泡两端的影像吻合，即符合水准器两边半圆弧成一抛物线。转动微倾螺旋方向的确定：当左边半圆弧高时，微倾螺旋旋退方向转动，反之，旋进方向转动。

（4）读数：即读取水准尺的中丝读数。

仪器精平后，根据十字丝中丝读出水准尺上的读数。读数时应注意水准尺上注记由小到大的顺序，读出米、分米、厘米，估读至毫米。

1）倒像仪器读数方法是：对于倒像仪器，水准尺的读数根据十字丝的中丝从上到下，如图 1-3 所示箭头方向，从小到大，估读至毫米，读取四位数。图 1-3 水准尺的中丝读数为 0.858m。

2）如果是正像仪器，其读数方法是：水准尺的读数根据十字丝的中丝从下到上，如图 1-4 所示箭头方向，从小到大，估读至毫米，读取四位数。图 1-4 水准尺的中丝读数为 0.858m。

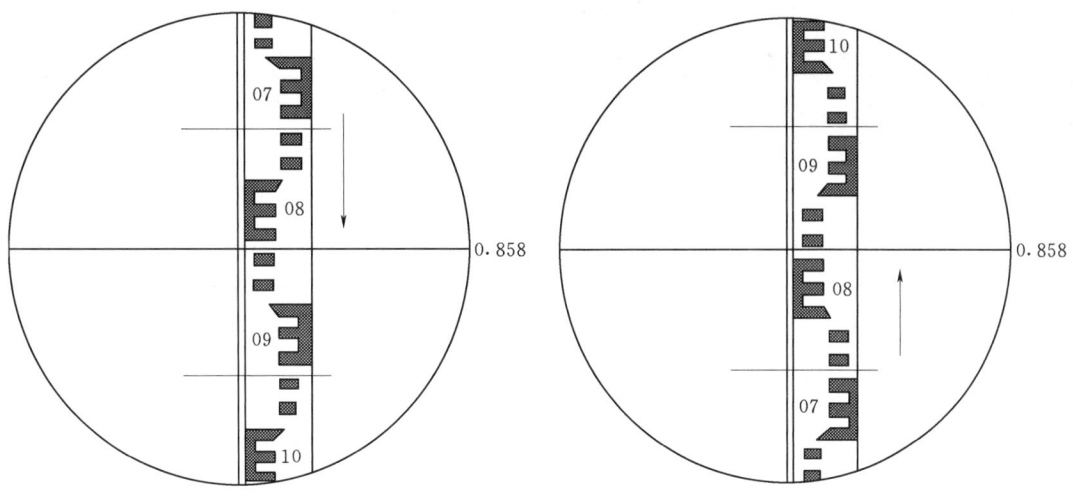

图1-3 倒像仪器水准尺读数方法　　　　图1-4 正像仪器水准尺读数方法

（三）练习测量两点间高差

（1）实验示意图，如图1-5所示，实验时，选定 A、B 两点，测定两点间的高差。

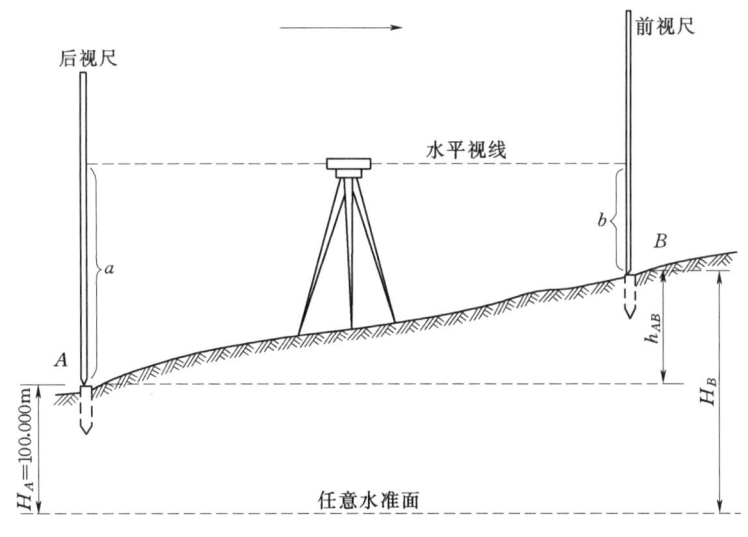

图1-5 一测站高差观测方法

（2）要求每个学生轮流进行操作，改变仪器的高度，独立操作测定 A、B 两点高差 h_{AB}，高差之差不大于5mm。并将观测数据记录在表1-1上，假设 $H_A=100.000$m，求出 B 点高程。

五、记录与计算

实验所观测数据记录于表1-1进行计算，记录方法见示例。

六、限差与规定

（1）两次仪器高度所测 A、B 两点高差之差不大于5mm。

（2）改变仪器高度要求在10cm以上。

表 1-1　　　　　　　　　　普通水准测量记录表

仪器型号：_____　天气：_____　观测者：_____　记录者：_____　_____年___月___日

测站编号	立尺点号	水准尺中丝读数（m）		高差（m）	高程（m）	备注
		后视 a	前视 b			
1	A	1.647			100.000	已知高程 B
	B		1.230	+0.417	100.417	

七、注意事项

(1) 脚架高度要适中，高度稍高于使用者的肩膀，脚架要旋紧，仪器要连接好。
(2) 转动仪器要轻，要注意先松开制动螺旋再转动仪器，不要用力转动仪器。
(3) 水准尺要立直，不用时要放好。
(4) 实验结束，仪器装箱锁好，清点工具，交还仪器室。

八、填空与计算

(1) 微倾式水准仪基本使用方法可归纳为八个字是_____、_____、_____和_____。

(2) 要使水准仪十字丝和目标清晰，需要转动_____和_____螺旋。

(3) 在水准测量中已知水准点为后视点，其读数为_____，前视点为未知点，其读数为_____。

(4) 视差是_____，产生视差的原因是_____，消除视差的方法是_____。

(5) 已知后视点高程 $H_A=99.672$m，测出 A、B 两点高差 $h_{AB}=+0.328$m，则 B 点高程 $H_B=$_____。

实验 2　普通水准测量

一、目的与要求
（1）进一步熟悉水准仪的构造和使用方法。
（2）具有普通水准测量的观测、记录、计算的能力。
（3）每人独立完成 3 站闭合水准路线一条，观测成果符合规范要求。

二、仪器与工具
（1）每组领借：DS_3 水准仪 1 台套，水准尺 2 把，尺垫 2 个，其他附件若干（雨伞 1 把，记录板 1 块等）。
（2）自备：铅笔，计算器，草稿纸。

三、内容与计划
（1）实验内容：普通水准测量，每人独立完成 3 站闭合水准路线一条。
（2）时间安排为 2 学时。

四、方法与步骤

（一）实验示意图
如图 1-6 所示，实验时选定 A、B、C 三点，并假定 A 点高程为 100.000m，作为推算 B、C 点的高程。

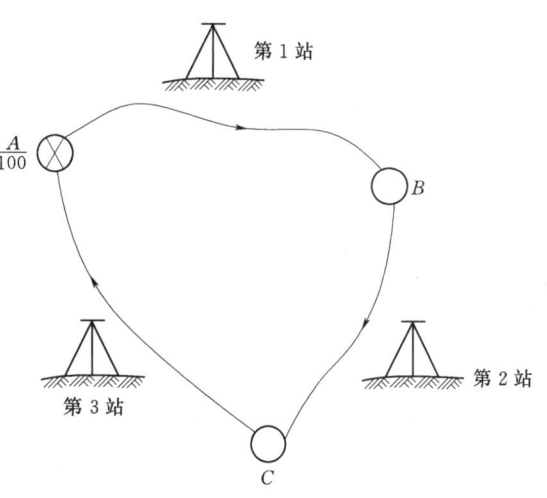

图 1-6　闭合水准路线观测示意图

（二）方法与步骤
在同一站上，每个学生轮流测量，并改变仪器高度，独立观测，各学生同一站所测高差互差不大于 5mm。

（1）第 1 站：如图 1-6 所示，安置仪器于 A 点与 B 点大约等距离处，照准 A 点上水准尺，消除视差、精平，读取后视读数 a，照准 B 点上水准尺，消除视差、精平，读取前视读数 b，记在表上相应位置，并计算高差 $h_{AB}=a-b$ 和 B 点高程 $H_B=H_A+h_{AB}$，记在表上相应位置。

（2）第 2 站：如图 1-6 所示，搬仪器于 B 点与 C 点大约等距离处，按上述操作方法照准 B 点、C 点读取 B 点、C 点的后、前视读数，记在表格上，算出高差，并算出 C 点的高程。

（3）第 3 站：如图 1-6 所示，搬仪器于 C 点与 A 点大约等距离处继续进行第三站测量，组成闭合水准路线，并推算出 A 点的高程。推算的 A 点高程不等于原已知 A 点高程，它们之差即为高差闭合差。

(4) 校核计算：

$$\sum a - \sum b = \sum h_{测}$$

即： 后视读数总和－前视读数总和＝各站测量高差总和

闭合水准路线高差闭合（f_h）：

$$f_h = \sum h_{测}$$

即： $$\sum a - \sum b = \sum h_{测} = f_h$$

按下式计算容许闭合差：

$$f_{h容} = \pm 12\sqrt{n} \text{（mm）}$$

(5) 判断观测结果是否合格：

若 $f_h < f_{h容}$，成果合格，交给指导老师；若 $f_h > f_{h容}$，成果不合格，需要重测。

五、记录与计算

(1) 记录与计算示例，见表 1-2。

表 1-2　　　　　　　　　　普通水准测量记录表

仪器型号：＿＿＿＿　天气：＿＿＿＿　观测者：＿＿＿＿　记录者：＿＿＿＿　＿＿＿年＿＿月＿＿日

测站	立尺点号	水准尺中丝读数（m）		高差（m）	高程（m）	备注
		后视 a	前视 b			
1	A	1.368			100.000	A：已知高程
	B		1.126	＋0.242	100.242	B
2	B	0.826				
	C		1.306	－0.480	99.762	C
3	C	1.367				
	A		1.123	0.244	100.006	A：推算高程
计算校核	∑	∑a＝3.561	∑b＝3.555	∑h$_{测}$＝0.006	f_h＝100.006－100.000＝0.006	

高差闭合差：$f_h = \sum h_{测} - \sum h_{理} = 0.006$（m）

容许高差闭合差：$f_{h容} = \pm 12\sqrt{n} = \pm 12\sqrt{3} = \pm 21$（mm）

(2) 实验所观测数据记录在表 1-3 中。

六、限差与规定

(1) 视线长度不超过 100m，前后视距差小于 5m。

(2) 测站观测限差：在同一站上，每个学生轮流测量，并改变仪器高度，独立观测，各自记录在表上，各人同一站所测高差互差不大于 5mm。

(3) 水准路线高差闭合差容许值：

按测站：$f_{h容} = \pm 12\sqrt{n}$（mm）

按长度：$f_{h容} = \pm 40\sqrt{L}$（mm）

式中：n 为水准路线测站数；L 为水准路线长度，km。

表 1-3　　　　　　　　　　　普通水准测量记录表

仪器型号：_____ 天气：_____ 观测者：_____ 记录者：_____ ___年___月___日

测站编号	立尺点号	水准尺中丝读数（m）		高差（m）	高程（m）	备注
		后视 a	前视 b			
计算校核	Σ					

水准路线高差闭合差调整及高程计算

班级：_____ ___年___月___日　　　　　计算者：_____ 学号：_____

点号	测站数（或路线长度）	测得高差（m）	高差改正数（m）	改正后高差（m）	高程（m）	点号
Σ						

高差闭合差：$f_h=$

容许高差闭合差额：$f_{h容}=$

七、注意事项

除实验 1 中注意事项外，还需注意以下几点：

（1）在水准点上不能放置尺垫，只有在转点上才可放置尺垫，前后视距差符合规范要求。

(2) 水准仪安置在前、后视水准尺的等距离附近处。
(3) 使用微倾式水准仪时,每次都要调水准管气泡居中,才能读数。
(4) 观测员读数要迅速、准确、果断,吐音清楚,声音洪亮,估读至毫米,读取四位数。
(5) 记录员要边记录边"回报",记录要正确、完整、清楚,不准记在草稿纸上。
(6) 立尺要直,转点上的立尺位置要前后一致,不能移动转点位置。
(7) 搬站时,要左手握住仪器支架放在胸前,右手抱住脚架放在肋下,稳步前行。
(8) 实验结束后,要及时整理观测数据,交实验报告。
(9) 观测结果不合格,要重测。

八、填空与计算

(1) 普通水准测量一测站的观测程序为_____和照准前视尺黑面读取中丝数。

(2) 在水准测量中,前、后视距离相等可以消除_____和减弱_____和地球曲率和大气折光的影响。

(3) 在水准测量中,当读完后视读数转前视时,不小心碰动了脚架,圆气泡不再居中,此时转动脚螺旋使圆气泡居中,精平和读数,这种操作是_____。

(4) 高差闭合差是两点间的测量高差与_____之差。已观测得闭合水准路线 $ABCA$ 各段高差为 $h_{AB}=1.230$m,$h_{BC}=0.777$m,$h_{CA}=-2.008$m,则高差闭合差是_____。

实验 3　微倾式水准仪的检验与校正

一、目的与要求
(1) 了解水准仪各主要轴线及各轴线间应满足的几何条件。
(2) 懂得水准仪的各项检验和校正方法，初步具有 DS$_3$ 型水准仪的检验与校正的能力。
(3) 每个小组完成一台水准仪的检验校正。各项检验校正应符合要求。

二、仪器与工具
(1) 每组领借：DS$_3$ 水准仪 1 台套，水准尺 2 把，尺垫 2 个，雨伞 1 把，记录板 1 块，校正工具 1 套。
(2) 自备：铅笔，计算器，草稿纸。

三、内容与计划
(1) 圆水准器轴平行竖轴的检验与校正。
(2) 十字丝横丝垂直于竖轴的检验与校正。
(3) 水准管轴平行视准轴的检验与校正。
(4) 实验时间安排为 2 学时。

四、方法与步骤

(一) 圆水准器轴平行竖轴的检验与校正

1. 检验方法

(1) 将仪器置于脚架上，踏实脚架，转动脚螺旋使圆气泡严格居中，如图 1-7 (a) 所示。
(2) 旋转仪器 180°，若气泡仍然居中，则说明圆水准器轴平行竖轴，否则需校正，如图 1-7 (b) 所示。

2. 校正方法

(1) 如图 1-7 (c) 所示，先松开圆水准器底部中央固定螺旋（偏离小时不动），然后拨动圆水准器校正螺丝，使气泡返回偏离中心的一半。
(2) 转动脚螺旋使气泡居中，如图 1-7 (d) 所示。

此项检验与校正要反复进行，直到仪器转到任何位置气泡均无明显偏差为止。

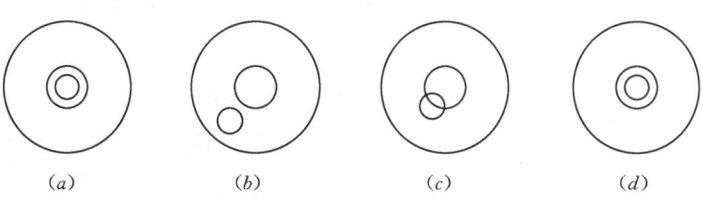

图 1-7　圆水准器的检验和校正

(二) 十字丝横丝垂直于仪器竖轴的检验与校正

1. 检验方法（重力线法）

如图 1-8（a）所示，在远处悬挂铅垂线，并将重锤放入机油桶内，重力线稳定后，严格整平仪器，用仪器十字丝竖丝与重力线重合，若十字丝竖丝与重力线重合，则说明十字丝横丝垂直于仪器竖轴，若十字丝竖丝与重力线相交叉，则仪器需校正。

2. 校正方法

如图 1-8（b）所示，用起子松开十字丝分划板上的三颗固定螺丝，轻微旋转十字丝分划板座，使十字丝竖丝与重力线重合，如图 1-8（c）所示，再上紧 3 颗固定螺丝，校正校毕。

此项检验校正要反复进行，直至无显著误差为止。

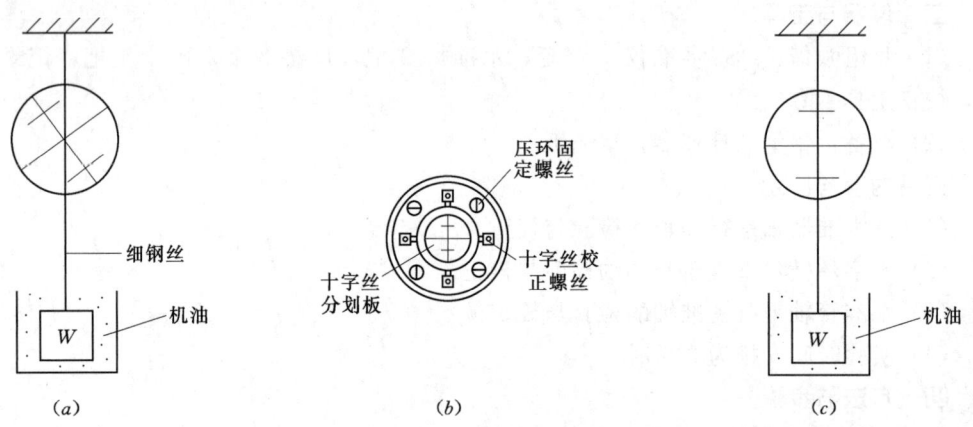

图 1-8 十字丝的检验与校正

此项检验方法也可采用"固定点"法：严格整平仪器后，用十字丝横丝的交点照准一小固定点，旋紧制动螺旋，转动微动螺旋，使十字丝横丝沿固定点移动到横丝右端，若横丝始终在小固定点上，则说明十字丝横丝垂直于仪器竖轴，否则需要校正。

校正时，先按上述方法松开 3 颗固定螺丝，轻微旋转十字丝分划板座，使十字丝横丝与固定点重合后，再上紧 3 颗固定螺丝，校正校毕。

(三) 水准管轴平行视准轴的检验与校正

1. 检验方法

（1）如图 1-9 所示，仪器安置在中点求出 A、B 点间正确高差。先在平坦地面确定相距 60～80m 左右的 A、B 两点，在前、后距离等距离处 C 点安置仪器，为了校核，要求测量两次高差（改变仪器高度），两次高差之差不大于 3mm，取平均值作为 A、B 间的正确高差。如：

$$h_1 = a_1 - b_1 = 0.675 \text{（m）}$$

$$h_2 = a_2 - b_2 = 0.677 \text{（m）}$$

$$h_1 - h_2 = -0.002 \text{（m）}$$

其绝对值不大于 3mm，则 A、B 点间的正确高差为：

实验 3 微倾式水准仪的检验与校正

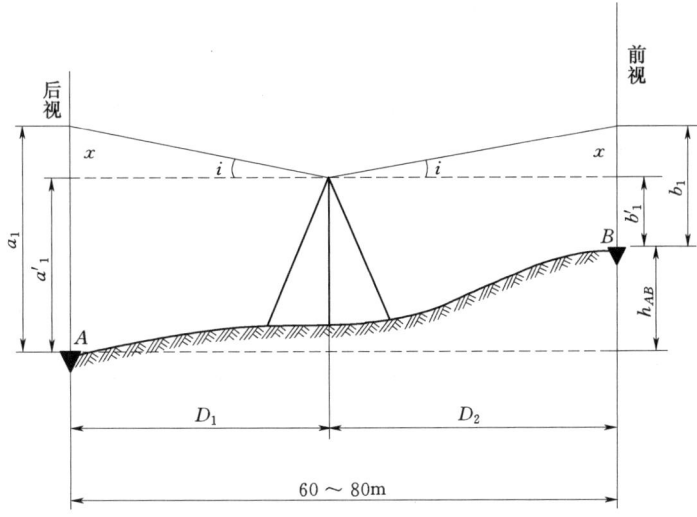

图 1-9 仪器在中点求出 AB 间正确高差

$$h_{AB} = \frac{1}{2}(h_1 + h_2) = 0.676 \text{ (m)}$$

（2）如图 1-10 所示，搬仪器到前视点 B 点附近（离 B 点约 3m），读取 A、B 水准尺读数为 a_3、b_3，远尺应读数为：

$$a'_3 = (b_3 + h_{AB})$$

若当 $i \leqslant 20''$，或 $a_3 - a'_3 \leqslant 5\text{mm}$ 时不需要校正，否则需要校正。

例如：$a_3 = 1.842\text{m}$，$b_3 = 1.176\text{m}$，则：

远尺的应读数：$a'_3 = b_3 + h_{AB} = 1.176 + 0.676 = 1.852$ (m)

$a_3 - a'_3 = 0.010\text{m}$，为望远镜视准轴偏下。

$$\Delta = a_3 - a'_3 = 0.010(\text{m}), \quad D_{AB} = 80\text{m}$$

$$i = \frac{\Delta}{D_{AB}} \rho'' = \frac{0.010}{80} \times 206265'' = 26''$$

若 $D_{AB} = 60\text{m}$，则：

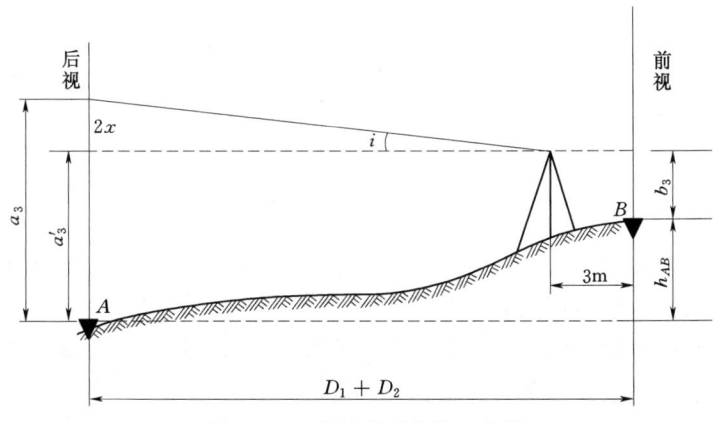

图 1-10 偏站检验与校正仪器

$$i = \frac{\Delta}{D_{AB}}\rho'' = \frac{0.010}{60} \times 206265'' = 34''$$

计算 i 角时要注意 A、B 两点间的距离。

因为 $|a_3 - a_3'| = 0.010\text{m} > 5\text{mm}$,$i = 26'' > 20''$,所以需要校正。

2. 校正方法(仪器保持原位置不动)

(1) 转动微倾螺旋,使十字丝对准远尺(A 尺)的读数为应读数 a_3',如上例的 $a_3' = 1.842 + 0.676 = 1.852$(m)处。此时长气泡不再居中。

(2) 用校正针先松水准管一端的左、右两个固定螺丝,后拨上、下两个校正螺丝,根据符合水准器两边半圆弧错开的情况,按先松后紧的方法转动上、下两个校正螺丝使符合水准器两边半圆弧吻合,长气泡居中,读数正确,则水准管轴平行于视准轴。

3. 检查

为了检查校正的结果,在原位置上升或降 10cm 以上,整平仪器,再读 A、B 尺读数为 a_4、b_4,计算远尺的应读数:

$$a_4' = b_4 + h_{AB}$$

$$\Delta = a_3 - a_3'$$

$$i = \frac{\Delta}{D_{AB}}\rho''$$

当 $i \leq 20''$ 时,仪器合格。或 $\Delta = a_3 - a_3' \leq 5\text{mm}$ 时,仪器校正好。否则按上述方法重新校正。仪器校正好后要上紧左、右两个固定螺丝。

五、记录与计算(包括记录与计算例)

(1) 检验校正记录示例,见表 1-4。

(2) 实验检、校记录见表 1-5。

六、限差与规定

(1) 水准仪圆水准器轴平行于竖轴的检验、校正完毕后,将仪器旋转到任何位置圆气泡应无明显偏差。

(2) 十字丝垂直于竖轴的检验、校正完毕后,将仪器十字丝后中竖丝重新与铅垂线重合应无显著误差。

(3) 水准仪的水准管轴平行于视准轴的检验校正完毕后,再次检验仪器,远尺实读数与应读数之差应不大于 5mm,即 $|a_i - a_i'| \leq 5\text{mm}$。

七、注意事项

(1) 仪器检验校正的顺序按上述方法进行,不要颠倒。每项检验至少进行两次,确认无误后才能进行校正。

(2) 各项校正均在老师指导下进行,不得擅自拆卸仪器部件。校正仪器时各项操作要轻,不要用力过大,以免损坏仪器部件。

(3) 拨动校正螺丝时要先固定仪器,再一手按稳仪器,按先松后紧方法,用力不宜过大。校正完毕后,螺丝应处于稍紧状态。

(4) 记录要正确、清楚、完整,实验结束后,要交实验报告。

实验3　微倾式水准仪的检验与校正

表1-4　　　　　　　　　　　水准仪的检验和校正

仪器编号：2000636　　　　日期：2008.06.18　　　　姓名：刘洋

1.一般检查	三脚架是否牢稳	有一个脚架螺旋已损坏			
	制动、微动螺旋是否有效	有效			
	其他	微倾螺旋塑料损坏			
2.圆水准器轴平行于竖轴的检、校	①使望远镜平行其中两个脚螺旋，转动脚螺旋使圆气泡居中				
	②转动望远镜180°次数	1	2	3	4
	圆气泡不居中，偏差（mm）	2	1	0	
3.十字丝横丝垂直于竖轴的检、校	检验次数	1	2	3	4
	误差是否显著和校正	显著	不显著	不显著	

4.水准管轴平行于视准轴的检验和校正

仪器安置在A、B点的中间求正确高差（改变仪器高法测两次高差）			搬仪器于前视B点旁（约3m）检验与校正		
第一次测量	A点尺上中丝读数a_1	1.876	第一次检校	B点（近尺）中丝读数b_3	1.176
	B点尺上中丝读数b_1	1.201		A点（远尺）中丝读数a_3	1.842
	A、B两点高差：$h_1=a_1-b_1$	0.675		A点（远尺）中丝应读数 $a'_3=b_3+h_{AB}$	1.852
				视准轴偏（上、下）之数值 $\Delta=a_3-a'_3=$	0.010
第二次测量	A点尺上中丝读数a_2	1.775	计算	$i=(\Delta/D_{AB})\rho''=$	26″
	B点尺上中丝读数b_2	1.098	第二次检校	B点（近尺）中丝读数b_4	1.162
	A、B两点高差：$h_2=a_2-b_2$	0.677		A点（远尺）中丝读数a_4	1.840
				A点（远尺）应读数 $a'_4=b_4+h_{AB}=$	1.838
A、B两点正确高差	两次测量高差之差≤3mm时，取平均高差作为正确高差 $h_1-h_2=0.675-0.677=-0.002$ ≤3mm $h_{AB}=\dfrac{h_1+h_2}{2}=0.676$			视准轴偏（上、下）之数值 $\Delta=a_4-a'_4=$	0.002
			i角	$i=(\Delta/D_{AB})\rho''=$	5″
			第三次检校	B点（近尺）读数b_5	
				A点（远尺）读数a_5	
				A点（远尺）应读数 $a'_5=b_5+h_{AB}$	
				视准轴偏（上、下）之数值 $\Delta=a_5-a'_5$	
	规范规定DS$_3$型仪器：$i\leqslant 20''$		计算	$i=(\Delta/D_{AB})\rho''=$	

表 1-5　　　　　　　　　　　水准仪的检验和校正

仪器编号：_____　　　日期：_____　　　姓名：_____

1. 一般检查	三脚架是否牢稳				
	制动、微动螺旋是否有效				
	其他				
2. 圆水准器轴平行于竖轴的检、校	①使望远镜平行其中两个脚螺旋，转动脚螺旋使圆气泡居中				
	②转动望远镜180°次数	1	2	3	4
	圆气泡不居中，偏差（mm）				
3. 十字丝横丝垂直于竖轴的检、校	检验次数	1	2	3	4
	误差是否显著和校正				

4. 水准管轴平行于视准轴的检验和校正

	仪器安置在 A、B 点的中间求正确高差（改变仪器高法测两次高差）		搬仪器于前视 B 点旁（约3m）检验与校正	
第一次测量	A 点尺上中丝读数 a_1		第一次检校	B 点（近尺）中丝读数 b_3	
	B 点尺上中丝读数 b_1			A 点（远尺）中丝读数 a_3	
	A、B 两点高差：$h_1 = a_1 - b_1$			A 点（远尺）中丝应读数 $a_3' = b_3 + h_{AB}$	
				视准轴偏（上、下）之数值 $\Delta = a_3 - a_3' =$	
第二次测量	A 点尺上中丝读数 a_2		计算	$i = (\Delta / D_{AB})\rho'' =$	
	B 点尺上中丝读数 b_2		第二次检校	B 点（近尺）中丝读数 b_4	
	A、B 两点高差：$h_2 = a_2 - b_2$			A 点（远尺）中丝读数 a_4	
				A 点（远尺）应读数 $a_4' = b_4 + h_{AB}$	
				视准轴偏（上、下）之数值 $\Delta = a_4 - a_4' =$	
A、B 两点正确高差	两次测量高差之差≤3mm时，取平均高差作为正确高差 $h_1 - h_2 =$ $h_{AB} = \dfrac{h_1 + h_2}{2} =$		i 角	$i = (\Delta / D_{AB})\rho'' =$	
			第三次检校	B 点（近尺）读数 b_5	
				A 点（远尺）读数 a_5	
				A 点（远尺）应读数 $a_5' = b_5 + h_{AB}$	
				视准轴偏（上、下）之数值 $\Delta = a_5 - a_5' =$	
	规范规定 DS_3 型仪器：$i \leq 20''$		计算	$i = (\Delta / D_{AB})\rho'' =$	

八、填空与计算

（1）水准仪应满足的几何条件有_____、

_____和_____。

实验3　微倾式水准仪的检验与校正

（2）水准仪通过校正后还存在水准管轴不平行于视准轴的残余误差，这项误差在测量中只要前、后视距离_____就能消除。

（3）当使水准仪圆气泡居中后，转动仪器一定角度后圆气泡就不居中了，其原因是_____。

（4）进行水准仪水准管轴平行于视准轴的检验时，仪器安置 A、B 两点的中间，A 尺读数为1.683m，B 尺读数为1.368m，当将仪器搬到离 B 尺约3m处进行观测时，B 尺读数为1.426m，A 尺读数为1.732m，则该仪器误差 Δ 值是_____，水准管轴与视准轴_____，i 角是_____，校正时远尺（A 尺）的应读数是_____。

实验4 经纬仪的认识与使用

一、目的与要求
(1) 了解 DJ_6、DJ_2 型光学经纬仪的基本构造和各部件的名称及作用。
(2) 具有经纬仪的对中、整平、瞄准、读数的能力。
(3) 每个学生独立测出两个方向间的水平角,角度互差符合要求。

二、仪器与工具
(1) 每组领借:DJ_6 经纬仪1台套,木桩1根,照准标志2个,雨伞1把,记录板1块等。
(2) 自备:铅笔,计算器,草稿纸。

三、内容与计划
(1) 认识经纬仪各部件的名称及作用。
(2) 经纬仪的对中、整平、照准和读数。
(3) 每个学生轮流操作、独立观测两个方向间水平角。
(4) 实验时间计划2学时。

四、方法与步骤

(一) 对中与整平 (即仪器的安置)

如图1-11所示,首先松开脚架螺旋,调节脚架高度,安置三脚架于测站点上,要求三脚架尖到测站点距离大致相等,架头大致水平,装上仪器于架头上,然后按以下步骤和方法安置仪器(即对中、整平):

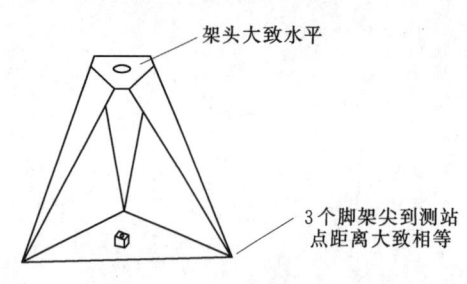

图1-11 仪器脚架的安装

(1) 光学对中(即使测站点落在光学对中器小圆圈中心):方法是先调节光学对中器,看清测站点,如果对中偏差很小,则转动脚螺旋进行对中,若偏差较大,则两手稍微抬起两个脚架,并左、右、前、后同时移动这两个脚架,眼睛观测光学对中的情况,当测站点在对中器小圆圈内时,即踩实脚架,若再有偏差,转动脚螺旋,使测站点在小圆圈内。

(2) 粗平:伸缩三脚架腿使圆气泡居中(或没有圆气泡的仪器使长气泡在90°方向大致居中)。

(3) 精平(90°法):见图1-12(a),转动仪器使照准部水准管轴平行于1、2两个脚螺旋,转动这两个脚螺旋或一个脚螺旋使长气泡居中;旋转照准部90°,见图1-12(b),转动脚螺旋3使长气泡居中;反复2~3次,使仪器在90°方向水准管气泡严格居中。

(4) 平移:由于转动了脚螺旋,若光学对中有偏差,这时松开中心连接螺旋,直线平移仪器(这是操作中的关键,千万不要转动仪器),再使仪器对中。

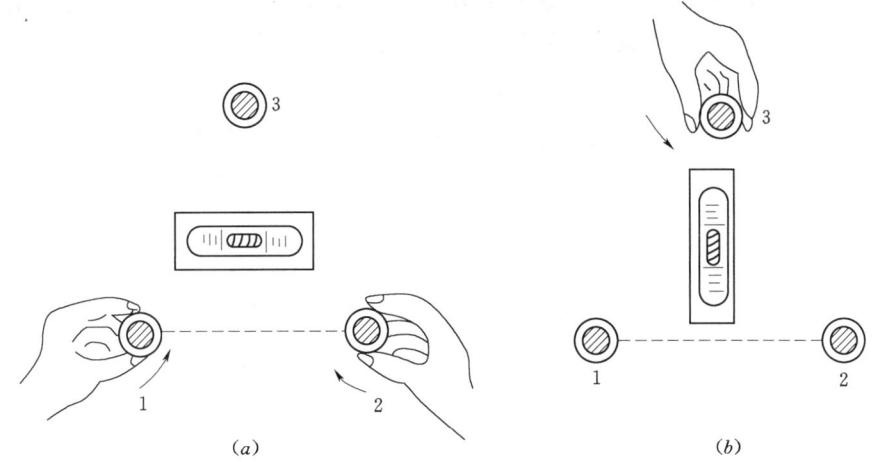

图 1-12　90°法精平仪器示意图

(5) 反复进行（3）、（4）两项操作，直到气泡在 90°方向都居中，且又对中，即完成了仪器的安置。

上述仪器对中整平的操作方法可归纳为以下几点：

移动脚架，光学对中；伸降架腿，圆气泡居中（即仪器粗平）；用脚螺旋，精平仪器（即仪器精平）；平移仪器，光学再对中（即仪器对中）；反复进行，精平又对中。

（二）照准和读数

（1）照准：即用十字丝照准目标。

具体方法：

1) 用概略瞄准器进行初步照准。

2) 转动物镜对光螺旋看清目标。

3) 用微动螺旋精确照准目标，测水平角时用十字丝竖丝照准目标的方法。如图 1-13 所示，用双丝夹住目标或用单丝平分目标。图 1-12（a）、（b）是用双丝夹住目标——铁钉，图 1-13（c）是用双丝夹住目标——标杆，图 1-13（d）是用双丝夹住目标——点。当目标的宽度大于双丝宽度时，用单丝去平分目标进行照准。

4) 消除视差。用物镜对光螺旋。

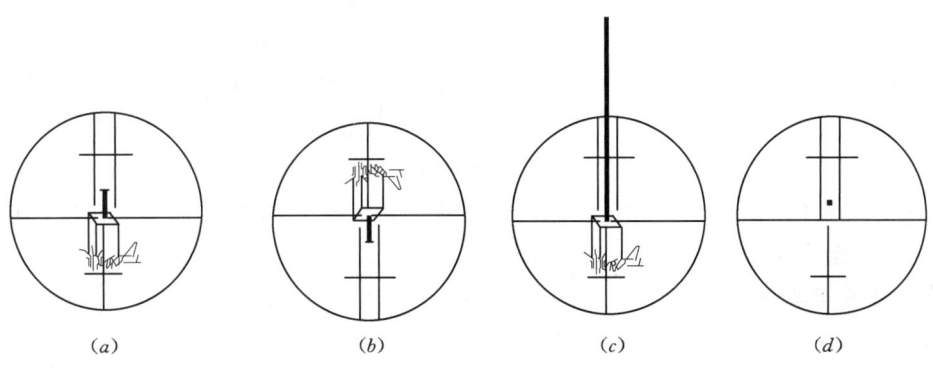

图 1-13　测量水平角时照准目标的方法

(2) 读数：读取水平度盘的读数或竖盘读数，如图 1-14 所示。水平度盘读数为 70°07.7′（即 70°07′42″），竖盘读数为 87°53.0′（即 87°53′00″）。

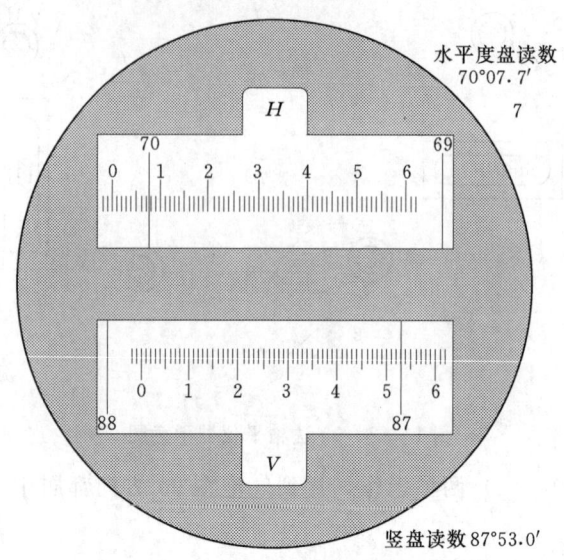

图 1-14 分微尺测微器读数方法

(三) 每人熟悉上面练习后，轮流独立操作，测出同两目标方向间水平角

(1) 在 O 点上安置经纬仪，按顺时针方向选定 A、B 两目标，见图 1-15。

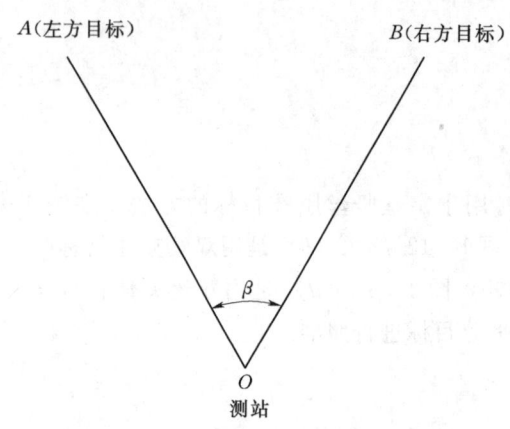

图 1-15 测量两方向间水平角

(2) 盘左照准左方 A 目标，读取水平度盘读数 a。

(3) 松开制动螺旋，顺时针转动仪器照准右方 B 目标，读取水平度盘读数 b。

(4) 水平角：$\beta=$ 右方目标读数 $-$ 左方目标读数 $=b-a$。

注意：当右方目标读数小于左方目标读数时要先加上 $360°$，再进行计算。

五、记录与计算

(1) 记录计算示例：每个学生独立操作，用盘左或盘右观测同一个角度，每个学生测量前都要使用度盘变换手轮转动一下，使每个学生的始读数不同，表 1-6 为 4 个学生的观测数据，各学生测量同一个角度，互差不大于 40″，符合要求。

(2) 参考上例，每个学生独立观测，将读数记录于表 1-7 中，同一个角度，互差不大于 40″，符合要求。否则重测。

六、限差与规定

(1) 经纬仪对中误差在 3mm 以内。

(2) 照准部水准管气泡不能偏差 1 格。

表 1-6　　　　　　　　　水平角观测手簿（测回法）

仪器编号：_____　　____年___月___日　　　　小组：_____　观测者：_____

测站号	竖盘位置	目标号	水平度盘读数 °　′　″	半测回水平角 °　′　″	一测回水平角 °　′　″	各测回平均角值 °　′　″	备注及测量示意图
O	盘左	A B	15　53　30 56　02　36	40　09　06			
O	盘右	A B	20　50　36 61　00　06	40　09　30			半测回差≤40″ 测回差≤24″
O	盘左	A B	31　08　30 71　17　54	40　09　24			
O	盘右	A B	85　13　12 125　22　48	40　09　36			
	盘左						
	盘右						

（3）每个学生独立测出同两个方向间的水平角，角度互差不大于 40″。

七、注意事项

（1）仪器从箱中取出前，要注意看好仪器在箱内的位置，以免装箱时不能恢复到原位。

（2）仪器放在架头上，没有连接好之前，手必须握住仪器支架，不能松手，以防仪器跌落、摔坏仪器。

（3）转动照准部或望远镜前，必须先松开制动螺旋，转动仪器要轻，当发现转动仪器不灵活时，要及时查明原因，不可强行转动，以免损坏仪器。

（4）使用微动螺旋时要先旋紧制动螺旋，转动微动螺旋才有效。当微动螺旋已经旋尽，还不能照准目标时，要反方向转动微动螺旋至中间，后松开制动螺旋概略照准目标，再用微动螺旋精确照准目标，不要用力旋转微动，否则将损坏微动螺旋。

（5）照准硬性目标时尽量照准目标的底部，以减少目标偏心误差对水平角的影响。

（6）实验结束后，仪器要装箱上锁，并收好其他工具，及时上交仪器室。

（7）整理观测数据，观测结果合格，交实验报告，否则重测。

八、填空与计算

（1）将经纬仪于三脚架头上，应随手拧紧_____螺旋。

（2）分微尺式经纬仪读数可以直读到_____，估读到_____。

（3）照准目标和读数时都要消除_____。

（4）经纬仪安置在 O 点上，照准左方目标水平度盘读数为 $280°20′30″$，照准右方目标读数为 $18°32′18″$，则水平角是_____。

表 1-7　　　　　　　　　　水平角观测手簿（测回法）

仪器编号：_____　　　___年___月___日　　　小组：_____　　　观测者：_____

测站号	竖盘位置	目标号	水平度盘读数 ° ′ ″	半测回水平角 ° ′ ″	一测回水平角 ° ′ ″	各测回平均角值 ° ′ ″	备注及测量示意图
	盘左						
	盘右						
	盘左						
	盘右						
	盘左						半测回差≤40″
	盘右						测回差≤24″
	盘左						
	盘右						
	盘左						
	盘右						
	盘左						
	盘右						
	盘左						
	盘右						

实验5 测回法观测水平角

一、目的与要求
（1）进一步熟悉经纬仪的使用。
（2）懂得测回法测量水平角的方法步骤，具有测回法测定水平角的观测、记录和计算的能力。
（3）每人用测回法对同一角度观测一测回，各测回间角度值限差符合规范要求。

二、仪器与工具
（1）每组领借：DJ_6 经纬仪1台套，木桩1根，照准标志2个，雨伞1把，记录板1块等。
（2）自备：铅笔，计算器，草稿纸。

三、内容与计划
（1）每人用测回法观测水平角一测回。
（2）每组3～4人，实验时间计划2学时。

四、方法与步骤
（1）如图1-16所示，将仪器安置于测站点 O 上。

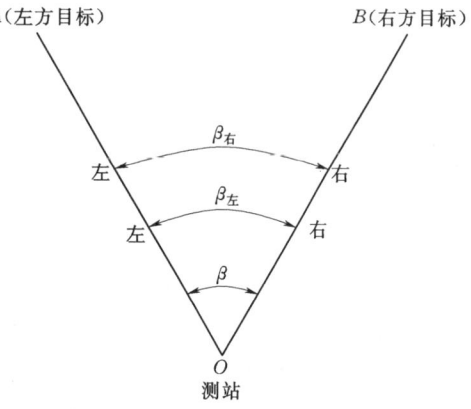

图1-16 测量两方向间水平角

（2）盘左（正镜）：照准左方目标 A，转动度盘变换手轮使度盘读数在稍大于 $0°$ 上，关好手护盖，并检查是否照准目标，确认照准目标，读数 a 记入手簿。

（3）松开制动螺旋，顺时针方向旋转照准部，照准右目标 B，读数 b，记入手簿。则上半测回角值为：
$$\beta_{左} = b - a$$

（4）盘右（倒镜）：倒镜反时针旋转照准右方目标 B 读数 b'，记录。
（5）逆时针旋转照准左方目标 A，读数 a'，记录。则下半测回角值：
$$\beta_{右} = b' - a'$$

（6）当上、下半测回角度之差符合要求，则计算一测回角值：
$$\beta = \frac{\beta_{左} + \beta_{右}}{2}$$

（7）以上完成一测回的观测，按照准目标顺序可以归纳为：
$$左——右——右——左$$

（8）每个学生轮流观测一测回，为了减少水平度盘的刻划误差，每测回盘左照准左方目标时，读数要变化。如观测4个测回时，每测回间变动值为 $\frac{180°}{4} = 45°$，即第一测回盘左照准左方目标时度盘读数设置为稍大于 0°上，第二测回稍大于 45°上，第三测回稍大于 90°上，第四测回稍大于 135°上。

五、记录与计算

（1）需要观测 4 测回的记录与计算示例见表 1-8。

表 1-8　　　　　　　　　　水平角观测手簿（测回法）

仪器编号：_____　　___年___月___日　　　　小组：_____　　观测者：_____

测站号	竖盘位置	目标号	水平度盘读数 ° ′ ″	半测回水平角 ° ′ ″	一测回水平角 ° ′ ″	各测回平均角值 ° ′ ″	备注及测量示意图
O	盘左	A	0　10　12	30　05　54	30　05　51	30　05　45	半测回差≤40″ 测回差≤24″
		B	30　16　06				
	盘右	A	180　10　24	30　05　48			
		B	210　16　12				
O	盘左		45　12　36	30　05　48	30　05　45		
			75　18　24				
	盘右		225　12　48	30　05　42			
			255　18　30				
O	盘左		90　10　30	30　05　54	30　05　43		
			120　16　24				
	盘右		270　10　42	30　05　32			
			300　16　24				
O	盘左		135　10　06	30　05　54	30　05　42		
			165　16　00				
	盘右		315　10　18	30　05　30			
			345　15　48				

（2）实验所观测数据记录在表 1-9 中。每人观测 1~2 测回。

六、限差与规定

（1）经纬仪对中误差在 3mm 以内。

（2）照准部水准管气泡偏差在 1 格内。

（3）半测回差、测回差规定见表 1-10。

七、注意事项

（1）要严格对中和整平仪器。

（2）照准目标时，应尽量照准目标的底部，盘左、盘右照准目标的位置（高度）要相同。

（3）当计算半测回水平角时，右边读数 b 小于左方目标读数 a 时，即 $\beta=b-a$ 出现负数时，则应将右方目标读数先加 360°再按公式计算水平角，即 $\beta=(b+360°)-a$。

（4）各项记录要完整、清楚、正确，不能乱涂改，因读错、记错需要改动时，应按记录有关规定进行改正。

实验 5 测回法观测水平角

表 1-9　　　　　　　　水平角观测手簿（测回法）

仪器编号：_____　　____年___月___日　　　　小组：_____　　观测者：_____

测站号	竖盘位置	目标号	水平度盘读数 ° ′ ″	半测回水平角 ° ′ ″	一测回水平角 ° ′ ″	各测回平均角值 ° ′ ″	备注及测量示意图
	盘左						
	盘右						
	盘左						半测回差≤40″ 测回差≤24″
	盘右						
	盘左						
	盘右						
	盘左						
	盘右						
	盘左						
	盘右						
	盘左						
	盘右						
	盘左						
	盘右						
	盘左						
	盘右						

表 1–10　　　　　　　　　　水 平 角 观 测 限 差

仪器	半测回差	测回差
DJ_6	（40″）①	24″
DJ_2	18″	12″

① 对于 DJ_6 经纬仪，由于度盘刻划误差大，没有规定半测回之差限差。

（5）在观测过程中，若发现水准管气泡偏移超过 1 格时，应重新整平仪器，重测该测回。

（6）半测回差、测回差超限时，要进行重测，不准改动数据，要保持观测数据的真实性。

（7）观测结果符合要求，交实验报告。

八、填空与计算

（1）经纬仪对中的目的是_____。

（2）经纬仪整平的目的是_____。

（3）_____位于望远镜的左侧称为盘左（也称正镜），_____位于望远镜的右侧称为盘右（也称倒镜）。

（4）对中误差不能大于_____mm，同一测回中照准部水准管气泡偏差不得超过_____格，若超过该测回应_____。

（5）用测回法观测某角 4 测回，则各测回的左方目标的度盘置数是_____，其目的是_____。

（6）对某角观测了一测回，其盘左、盘右读数分别为 0°32′18″和 185°38′36″，5°38′18″和 180°32′06″，则上半测回角值是_____，下半测回角值是_____，一测回角值是_____。

实验6　全圆测回法观测水平角

一、目的与要求
（1）进一步掌握经纬仪的使用。
（2）懂得全圆测回法测量水平角的方法步骤，具有全圆测回法观测水平角的操作、记录和计算的能力。
（3）每人用全圆测回法对同目标观测一测回，各项观测限差符合规范要求。

二、仪器与工具
（1）每组领借：DJ_6经纬仪1台套，木桩1根，照准标志4个，雨伞1把，记录板1块等。
（2）自备：铅笔，计算器，草稿纸。

三、内容与计划
（1）每人用全圆测回法观测3个目标水平角一测回。
（2）实验时间计划2学时。

四、方法与步骤

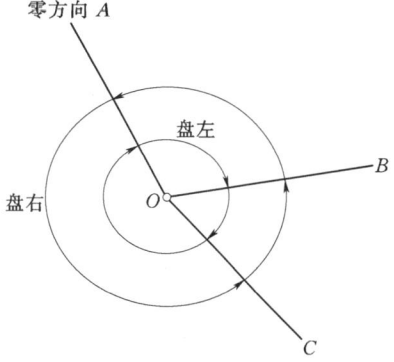

图1-17　全圆测回法示意图

（1）如图1-17所示，将仪器安置于测站点O上。
（2）盘左照准零方向A目标，度盘置于稍大于$0°$上，读数、记录。
（3）依次顺时针旋转照准部照准目标B、C，并读数、记录。
（4）继续顺时针转仪器，再次照准零方向A（称归零），读数，盘左目标A两次读数之差称为上半测回归差，归零差超限重测。
（5）盘右，逆时针旋转仪器照准零方向A目标，读数、记录。
（6）逆时针方向旋转，依次照准C、B各点，并读数、记录。
（7）继续逆时针方向旋转仪器，再次照准零方向A（称归零），读数，盘右目标A两次读数之差称为下半测回归差，归零差超限重测。

以上完成一测回的观测，记录见示例表1-11。需要观测n测回时，各测回盘左位置零方向度盘置数方法参见实验5。

五、记录与计算

(一) 记录示例

需要观测三个目标2测回的记录与计算见表1-11。
说明：
（1）记录观测：盘左在表中第4列从上往下依次记录，盘右在表中第5列从下往上依

表 1-11　　　　　　　　　　　　全 圆 测 回 法 记 录 表

仪器编号：_____　　___年___月___日　　小组：_____　　观测者：_____

测回数	测站	目标	读　数		2C (″)	平均 读数	归零 方向值	各测回归零 方向平均值	角　度
			盘左 L (° ′ ″)	盘右 R (° ′ ″)		(° ′ ″)	(° ′ ″)	(° ′ ″)	(° ′ ″)
1	2	3	4	5	6	7	8	9	10
Ⅰ	O					0　02　03			
		A	0　02　12	180　01　48	+24	0　02　00	0　00　00	0　00　00	
		B	70　53　24	250　53　06	+18	70　53　15	70　51　12	70　51　12	70　51　12
		C	120　12　18	300　12　06	+12	120　12　12	120　10　09	120　10　14	49　19　02
		A	0　02　18	180　01　54	+24	0　02　06			239　49　46
	归零差		+6″	+6″					
Ⅱ	O					90　04　08			
		A	90　04　06	270　04　00	+6	90　04　03	0　00　00		
		B	160　55　30	340　55　12	+18	160　55　21	70　51　13		
		C	210　14　30	30　14　24	+18	210　14　27	120　10　19		
		A	90　04　18	270　04　06	+12	90　04　12			
	归零差		+12″	+6″					
	O								
	归零差								

次记录。

(2) 上、下半测回归零差计算。

上半测回归零差：盘左零方向读数和归零读数之差。示例中第 1 测回的上半测回归零差为+6″，下半测回归零差为+6″。

(3) 第 6 栏：两倍视准轴误差的计算：

$$2C = L - (R \pm 180°)$$

式中：L 为盘左读数；R 为盘右读数。

(4) 第 7 栏：方向平均读数计算：

$$平均读数 = \frac{1}{2}[L + (R \pm 180°)]$$

上式中"+"、"-"的取舍是根据盘右的读数来定的，若盘右读数 R≥180°时，取"-"号，若盘右读数 R<180°时，则取"+"号。

(5) 第 8 栏：一测回归零方向值计算：

一测回归零方向值：先取零方向平均读数的平均值，注记在零方向平均读数的上方，如示例中：0°02′00″和0°02′06″的平均值为0°02′03″，并将它化为0°00′00″，记在归零方向值相应栏内，其余各方向的平均读数减去零方向的平均读数的平均值，即得到相应方向的归零方向值。

（6）第9栏：各测回归零后方向平均值计算：即取同一方向各测回的归零方向值平均值。

（7）第10栏：角度的计算。水平角等于两相邻方向的归零方向值平均值之差。即

水平角＝右方目标归零方向值平均值－左方目标归零方向值平均值

如示例中的 B、C 和 C、A 目标间的水平角分别为：

$$120°10′14″-70°51′12″=49°19′02″$$
$$0°00′00″+360°-120°10′14″=239°49′46″$$

（二）观测记录

实验所观测数据记录在表 1-12 中。每人观测一测回。

六、限差与要求

（1）经纬仪对中误差在 3mm 以内。

（2）照准部水准管气泡偏差在 1 格内。

（3）半测回归零差、2C 互差、各测回归零方向值之差的规定，见表 1-13。

七、注意事项

（1）要严格对中和整平仪器。

（2）应选择距离适中，便于照准的清晰目标作为零方向。若观测目标只有 3 个时，可以不归零。

（3）照准目标时，应尽量照准目标的底部，盘左、盘右照准目标的位置（高度）要相同。

（4）各项记录要完整、清楚、正确，不能乱涂改，因读错、记错需要改动时，应按有关规定进行改正。

（5）当半测回归零差、2C 互差、各测回归零方向值之差超限时，按规定进行重测。

（6）观测结果符合要求，上交实验报告。

八、填空与计算

（1）零方向应选择距离＿＿＿＿＿＿＿＿＿＿便于照准的＿＿＿＿＿＿＿＿＿＿。

（2）测站上有 4 个观测目标 ABCD，采用全圆测回法，选定 A 零方向，则盘左照准目标依次是＿＿＿＿＿＿＿＿＿＿，盘右照准目标依次是＿＿＿＿＿＿＿＿＿＿。

（3）上半测回归零差是＿＿＿＿＿＿＿＿＿＿＿＿＿＿＿＿。下半测回归零差是＿＿＿＿＿＿＿＿＿＿。J_6 经纬仪半测回归零差的限差是＿＿＿＿＿＿＿＿＿＿。

（4）两倍视准轴误差是＿＿＿＿＿＿＿＿＿＿＿＿＿＿＿＿＿＿＿＿。

（5）已知某目标的正、倒镜读数分别是 206°10′12″和 26°10′24″，则两倍视准轴误差 2C＝＿＿＿＿＿＿＿＿＿＿，该目标的平均方向值是＿＿＿＿＿＿＿＿＿＿。

（6）已知某左方目标的各测回归零方向值为 235°18′18″，右方目标 0°00′00″，则该两目标的夹角是＿＿＿＿＿＿＿＿＿＿。

表 1-12　　　　　　　　　　全圆测回法记录表

仪器编号：＿＿＿＿　＿＿年＿＿月＿＿日　　小组：＿＿＿＿　观测者：＿＿＿＿

测站	测回数	目标	读　数		2C (″)	平均读数 (° ′ ″)	归零方向值 (° ′ ″)	各测回归零方向平均值 (° ′ ″)	角　度 (° ′ ″)
			盘左 L (° ′ ″)	盘右 R (° ′ ″)					
2	1	3	4	5	6	7	8	9	10
归零差									
归零差									
归零差									
归零差									

实验 6 全圆测回法观测水平角

表 1-13 J_6 型、J_2 型经纬仪半测回归零差、2C 互差、各测回归零方向值之差

仪器 项目	J_6 型经纬仪	J_2 型经纬仪
半测回归零差	18″	12″
同一测回中 2C 变动范围	—	18″
同一方向值各测回限差	24″	12″

注 对于 DJ_6 经纬仪，由于度盘刻划误差大，没有规定 2C 变动范围。

实验 7 竖 直 角 观 测

一、目的与要求

(1) 了解经纬仪竖盘注记形式,能确定所用仪器的竖直角计算公式。

(2) 懂得竖盘指标水准管与竖盘读数之间的关系。

(3) 懂得竖直角观测的方法步骤,具有竖直角的观测、记录和计算的能力。

(4) 每人观测相同的两个目标:一高一低目标,各观测一测回,测回差和竖盘指标差之差符合规范要求。

二、仪器与工具

(1) 每组领借:DJ_6 经纬仪 1 台套,木桩 1 根,照准标志 2 个,雨伞 1 把,记录板 1 块等。

(2) 自备:铅笔,计算器,草稿纸。

三、内容与计划

(1) 每个学生轮流独立观测竖直角,要求观测一个高目标和一个低目标,每个角观测 1~2 测回。

(2) 实验时间计划 2 学时。

四、方法与步骤

(1) 如图 1-18 所示,仪器安置在 O 点上,量仪器高 (i),选定一高目标 A 和一低目标 B,并量目标高度 L。

(2) 盘左:用十字丝横丝照准目标 A 顶端,用竖盘指标水准管微动螺旋使气泡居中(竖盘自动归零装置的仪器没有此项操作),读取竖盘读数,记录。

(3) 旋转仪器照准目标 B,使竖盘水准管气泡居中,读取竖盘读数,记录。

(4) 盘右:用同法分别照准目标 B、A,使竖盘水准管气泡居中,读数,记录。

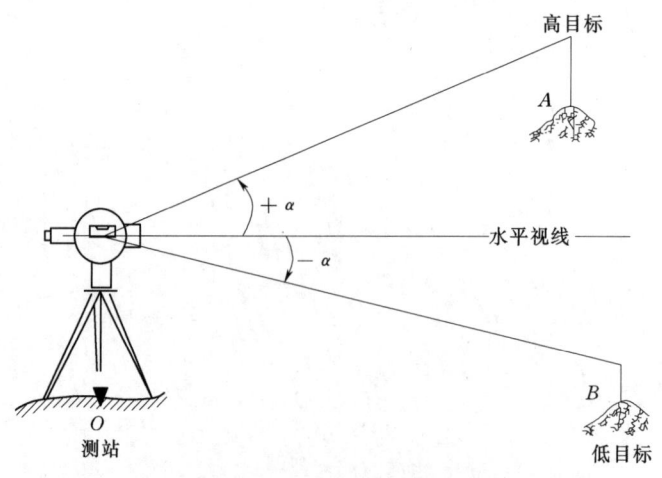

图 1-18 竖直角观测示意图

实验 7 竖直角观测

以上完成了两目标各一测回的观测。

五、记录与计算

(一) 在观测前先确定竖直角的计算公式

(1) 盘左：先将望远镜大致放平，确定视线水平时的读数，设为 $L_{始}$（一般为 $90°$），当抬高望远镜时，如果读数是变大的，设为 L，则竖直角计算公式：

$$\alpha_{左} = L - L_{始}$$

若读数是变小的，则

$$\alpha_{左} = L_{始} - L$$

(2) 盘右：先将望远镜大致放平，确定视线水平时的读数，设为 $R_{始}$（一般为 $270°$），当抬高望远镜时，如果读数是变小的，设为 R，则竖直角计算公式：

$$\alpha_{左} = R_{始} - R$$

若读数是变大的，则竖直角计算公式：

$$\alpha_{右} = R - R_{始}$$

以上公式中，$R_{始}$、$L_{始}$ 是望远镜视线水平时的应读数，目前我国生产的光学经纬仪竖盘采用顺时针注记形式，一般为 $L_{始}=90°$，$R_{始}=270°$，竖直角计算公式：

$$\alpha_{左} = 90° - L_{读}$$
$$\alpha_{右} = R_{读} - 270°$$

按以上两式分别计算上、下半测回竖直角。然后按以下公式计算一测回竖直角和竖盘指标差：

一测回竖直角计算：
$$\alpha = \frac{\alpha_{左} + \alpha_{右}}{2}$$

竖盘指标差 (x) 计算：
$$x = \frac{\alpha_{右} - \alpha_{左}}{2}$$

或
$$x = \frac{L + R - 360°}{2}$$

(二) 记录示例

观测两目标一测回的记录计算见表 1-14。

表 1-14　　　　　观测两目标一测回的记录计算

仪器编号：_____　_____年___月___日　小组：_____　观测者：_____

测站	目标	竖盘位置	竖盘读数 $L(R)$			半测回竖直角 $\alpha_{左}(\alpha_{右})$			一测回竖直角 $(\alpha_{左}+\alpha_{右})/2$			竖盘指标差 $(\alpha_{右}-\alpha_{左})/2$			各测回平均竖直角			备注及测量示意图
			°	′	″	°	′	″	°	′	″	°	′	″	°	′	″	$\alpha_{左}=90°-L$ $\alpha_{右}=R-270°$ 指标差之差≤25″ 测回差≤25″
O	A	盘左	85	13	48	4	46	12	4	46	15	+3						
		盘右	274	46	18	4	46	18										
O	B	盘左	93	10	36	−3	10	36	−3	10	27	+9						
		盘右	266	49	42	−3	10	18										

备注：
$\alpha_{左}=90°-L$
$\alpha_{右}=R-270°$
指标差之差≤25″
测回差≤25″

仪器高：$i=1.46$m
目标高：$L_A=1.50$m
$L_B=1.80$m

（三）实验所观测数据

实验所观测数据记录在表 1-15 中。每人观测两个目标 1~2 测回。

表 1-15　　　　　　　　　　　竖 直 角 观 测 手 簿

仪器编号：_____　　____年___月___日　　小组：_____　　观测者：_____

测站	目标	竖盘位置	竖盘读数 L(R)	半测回竖直角 $\alpha_{左}(\alpha_{右})$	一测回竖直角 $(\alpha_{左}+\alpha_{右})/2$	竖盘指标差 $(\alpha_{右}-\alpha_{左})/2$	各测回平均竖直角	备注及测量示意图
			° ′ ″	° ′ ″	° ′ ″	° ′ ″	° ′ ″	
		盘左						
		盘右						
		盘左						
		盘右						
		盘左						
		盘右						
		盘左						
		盘右						
		盘左						
		盘右						
		盘左						$\alpha_{左}=90°-L$
		盘右						$\alpha_{右}=R-270°$
		盘左						指标差之差≤25″
		盘右						
		盘左						测回差≤25″
		盘右						
		盘左						仪器高：$i=$
		盘右						目标高：$V=$
		盘左						
		盘右						
		盘左						
		盘右						
		盘左						
		盘右						
		盘左						
		盘右						

实验 7 竖 直 角 观 测

六、限差与规定

观测限差见表 1-16。

表 1-16　　　　　　　　　　　　观　测　限　差

仪器类型	指标差之差	各测回角值之差
J_2	10″	10″
J_6	25″	25″

七、注意事项

（1）要严格对中和整平仪器，量仪器高度（i）和目标高度（L）。

（2）盘左、盘右用十字丝横丝照准同一目标的位置（高度）要一致。

（3）每次读数前要注意使竖盘指标水准管气泡居中（竖盘自动归零装置的仪器没有此项操作）。

（4）计算竖直角和竖盘指标标差时，要注意正、负号。

（5）各项记录要完整、清楚、正确，不能乱涂改，因读错、记错需要改动时，应按记录有关规定进行改正。

（6）当测回差、竖盘指标标差之差超限时，进行重测。

（7）观测结果符合要求，上交实验报告。

八、判断与计算

（1）竖直角观测不需要经纬仪对中和整平。（　　　）

（2）有竖盘指标水准管气泡的经纬仪在竖盘读数前要使其气泡居中才能读数。（　　　）

（3）观测竖直角盘左、盘右用横丝照准目标的高度要相同。（　　　）

（4）正、倒镜照准某目标的竖盘读数为 98°32′18″和 261°27′30″，则上、下半测回竖直角分别是_____和_____，一测回竖直角是_____。竖盘指标差是_____。

*实验 8　经纬仪的检验与校正

一、目的与要求

（1）熟悉经纬仪各主要轴线之间应满足的几何条件，掌握经纬仪检验与校正的操作方法。

（2）各项实验内容经检验后，如发现超过限差，是否校正由各专业根据具体情况确定，如不校正，也要弄清校正时拨动哪些校正螺丝。

（3）通过实验，使学生具有经纬仪检验和校正的初步能力。

（4）每组完成一台经纬仪的检验与校正，符合要求。

二、仪器与工具

（1）每组领借：经纬仪 1 台套，木桩 1 根，照准标志 2 个，雨伞 1 把，校正针 1 只，螺丝刀 1 把，记录板 1 块。

（2）自备：铅笔，计算器，草稿纸。

三、内容与计划

（1）照准部水准管轴的检验与校正。

（2）十字丝竖丝的检验与校正。

（3）视准轴的检验与校正。

（4）横轴的检验与校正。

（5）竖盘指标差的检验与校正。

（6）光学对中器的检验与校正。

（7）实验计划为 2 学时。

四、方法与步骤

1. 照准部水准管轴垂直于竖轴的检验与校正

（1）检验：置经纬仪大致水平。转照准部使其水准管与任意两脚螺旋连线平行，调节这两个脚螺旋使水准气泡精确居中。旋转照准部 180°，若气泡位置偏离量大于 1 格，即水准管轴与竖轴的垂直度偏差（取气泡偏离量的一半）超过了 1/2 格的限差，则需校正。

（2）校正：用校正针拨动照准部水准管校正螺丝，使气泡返回偏离量的一半，另一半用脚螺旋调节，使气泡居中。以上检验与校正反复进行，直至气泡偏离量小于 1 格，符合表 1-19 限差要求为止。

2. 十字丝竖丝垂直于横轴的检验与校正

（1）检验：精确整平经纬仪，用十字丝照准适当距离处（4m 左右）悬挂不动的垂球。垂球可浸在油或水里，以防摆动，垂线必须细直。观察分划板竖丝是否与垂球悬线平行，使竖丝上端与垂线影像重合。观察竖丝下端，不应有目视可见的不重合现象。否则，需校正。

（2）校正：如图 1-19 所示，打开望远镜目镜一端的十字丝分划板护盖，用螺丝刀轻轻松开 4 个十字丝环固定螺丝，转动十字丝环，使竖丝处于铅垂位置。重复上述检验，直到无目视可见的倾斜，再旋紧 4 个固定螺丝，并拧上护盖。

3．视准轴垂直于横轴的检验与校正

(1) 检验：精确整平经纬仪，在视线水平位置找一目标 P，用盘左和盘右分别照准目标 P，读取水平度盘读数 L、R。如果盘左和盘右读数之差不为 $180°$，则说明视准轴不垂直于横轴；其差值为 2 倍视准轴误差，用 $2C$ 表示，即 $C = (L - R \pm 180°)/2$。当视准轴误差 C（即视准轴与横轴垂直度偏差）超过表 1-19 限差时，即需校正。

(2) 校正：在盘右位置，调节照准部的水平微动螺旋，使水平度盘读数为正确读数 $R + C$。此时，十字丝的交点必偏离目标 P，稍微松开十字丝环上、下两个校正螺丝，用校正针拨动十字丝环左右两校正螺丝（图 1-19），使十字丝交点对准目标 P，视准轴即处于横轴垂直的位置。如此反复检校几次，直到符合限差要求。

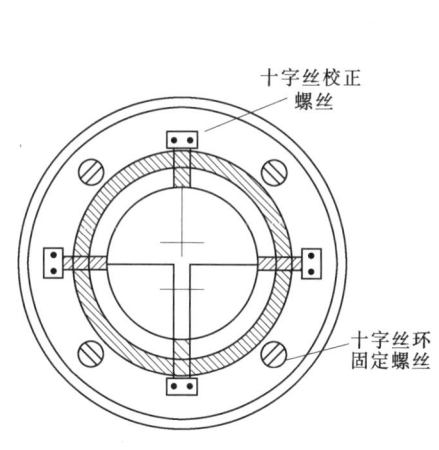

图 1-19 十字丝分划板

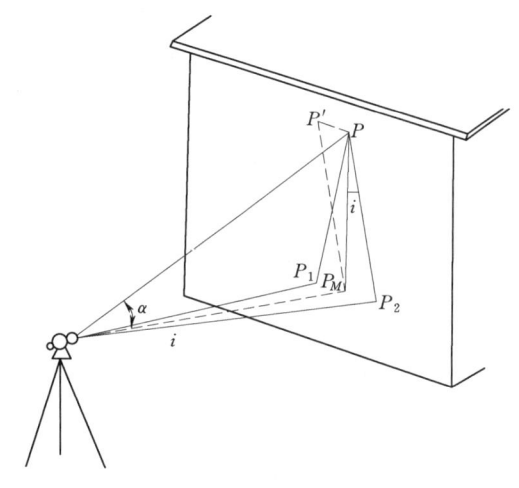

图 1-20 横轴垂直于竖轴检验

4．横轴垂直于竖轴的检验与校正

(1) 检验：如图 1-20 所示，精确整平经纬仪，用盘左照准高处一点 P（倾角宜在 $30°$ 左右），固定照准部，然后将望远镜水平，指挥另一人在墙上标出十字丝交点 P_1 的位置。用盘右瞄准 P 点同法定出 P_2 点位置。若 P_1、P_2 两点重合，则横轴垂直于竖轴，否则，说明横轴不水平，倾斜了一个 i 角。用小钢尺量得 P_1P_2，P 点的竖直角 α 可观测一测回获得，测站至 P 点水平距离 D 用钢尺量出，则横轴误差 $i = \dfrac{P_1P_2 \cot\alpha}{2D} \rho$，式中 $\rho = 206265''$。若计算出来的 i（横轴与竖轴的垂直度偏差）超过表 1-19 限差，则需校正。

(2) 校正：如图 1-20 所示，用十字丝交点照准 P_1、P_2 中点 P_M，然后抬高望远镜，此时，十字丝的交点必然偏离 P 点而此时在 P' 位置上，打开支架横轴的护盖，调整支架横轴的偏心轴环，抬高或减低横轴的一端，直至十字丝瞄准 P 点。光学经纬仪的横轴是密封的，一般应送仪器检修部门校正。

5．竖盘指标差的检验与校正

(1) 检验：精确整平经纬仪，用盘左、盘右分别瞄准同一目标，读取竖盘读数 L 和

R，计算指标差 x，若指标差超过表 1-19 限差，应进行校正。

（2）校正：盘右位置照准原目标，调节竖盘指标水准管微动螺旋，使竖盘读数对准正确读数 $R-x$。此时，竖盘指标水准管气泡不居中，调节竖盘指标水准管校正螺丝，使气泡居中，检验与校正反复进行，直至指标差符合限差要求。

对于有竖盘指标自动归零补偿器的仪器，应校正竖盘自动补偿装置。也可通过改十字丝的方法校正指标差，校正时，先调节望远镜微动螺旋，使竖盘读数为正确读数 $R-x$，再用校正针调节十字丝的上、下校正螺丝，使十字丝交点对准目标。

6. 光学对中器的检验与校正

此项检验是为了使光学对中器的垂线与仪器旋转轴竖轴重合，从而达到仪器精确对中的目的。如图 1-21 所示，为光学对中器的视准轴经棱镜折射后的光学垂线（光学对中器的视轴）与仪器竖轴不重合。当光学对中器的条件不满足时，若将光学对中器绕竖轴旋转，则光学垂线的轨迹将出现图 1-21 所示的情形，其中图 1-22（a）为光学垂线与竖轴交叉的情形，图 1-22（b）为两者平行但不重合的情形。

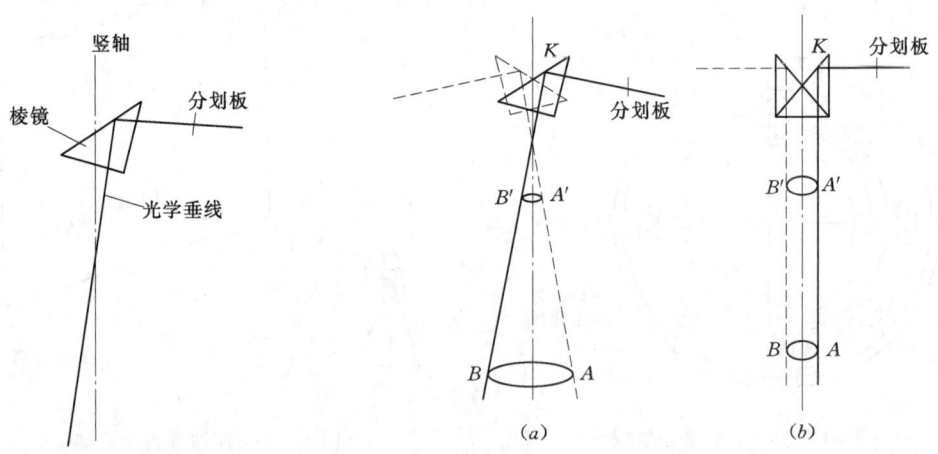

图 1-21　光学垂线示意图　　　　图 1-22　光学对中器的检验

（1）检验：检验第一步是精确整平经纬仪，经纬仪（光学对中器）距离地面 1.5m；光学对中器下方地面放一木板，在木板上标出 A 点，光学对中器分划板中心对准 A 点，然后照准部旋转 180°，在木板上标出光学对中器分划板中心位置 B，量出偏离量 AB。检验第二步是改变经纬仪至目标点距离为 0.6m（可用支架抬高木板），如 A' 点；并进行与第一步方法相同的检验。若分划板中心处于另一点 B' 处，量出偏离量 $A'B'$。如果偏离量 AB 与 $A'B'$ 的均值不超过 2mm，光学对中器视轴与竖轴的同轴度（取 AB 与 $A'B'$ 的均值一半）则不超过 1mm，即符合表 1-19 限差要求。否则应进行校正。

（2）校正：要在经纬仪距目标点为不同高度处对光学对中器进行校正。如在上述检验第二步基础上，调整对中器校正螺丝，使光学对中器分划板中心与 $A'B'$ 连线中心重合。再改变目标点至光学对中器距离，重新检验（如同上述第一步检验方法），标出新的 A、B 点，调整对中器校正螺丝，使分划板中心与 AB 连线中心重合。应该指出，如果转向直角棱镜上的有效转向点 K 不在竖轴上时（图 1-22），则上述第二步校正破坏了第一步校

实验8 经纬仪的检验与校正

表1-17 光学经纬仪检验与校正

仪器型号：DJ₆　　班级：建筑工程2　　组别：6　　日期：2008.08.09

		检验次序				备注
一	水准管轴垂直于横轴		气泡偏离量		水准管轴与竖轴的垂直度偏差	第一次检验不合格，经过校正，第二次检验合格
		1	2格		1格	
		2	0.8格		0.4格	
		3				
二	十字丝竖丝垂直于横轴	检验次序	竖丝是否明显偏离			第一次检验不合格，经过校正，第二次检验合格
		1	有目视可见倾斜			
		2	无目视可见倾斜			
		3				
三	视准轴垂直于横轴	检验次序	水平度盘读数		垂直度偏差（视准轴） C	第一次检验不合格，经过校正，第二次检验合格
			盘左(L)	盘右(R)		
		1	60°09′48″	240°08′48″	+30″	
		2	81°54′06″	261°54′00″	+03″	
		3				
四	横轴垂直于竖轴（用钢尺量取仪器到墙面水平距离 D=20.12m）	检验次序	半测回角		一测回角 α	盘右正确读数 (R+C)	垂直度偏差 i
			盘左(L)	盘右(R)			
		1	30°30′00″	30°30′00″	30°30′09″	240°09′18″	18.3″
		2	30°30′18″			261°54′03″	
		3					
五	竖盘指标差	检验次序	竖盘读数		指标差 x	校正时盘右正确读数 (R−x)	检验合格
			盘左(L)	盘右(R)			
		1	76°47′24″	283°12′48″	+9″	283°12′42″	
		2			+6″		
六	光学对中器	检验次序	观测对中器分划板正偏离量	距经纬仪	指标差 x	对中器视轴与竖轴的同轴度偏差	检验合格
		1	2.6mm	1.5m	1.7mm	0.85mm	
		2	0.8mm	0.6m			
		3					

表1-18 光学经纬仪检验与校正

仪器型号：　　　　　班级：　　　　　组别：　　　　　日期：

		检验次序		备注
一	水准管轴垂直于横轴	1	气泡偏离量	
		2	水准管轴与竖轴的垂直度偏差	
		3		
二	十字丝竖丝垂直于横轴	1	竖丝是否明显偏离 有目视可见倾斜 无目视可见倾斜	
		2		
		3		
三	视准轴垂直于横轴	1	水平度盘读数 盘左(L) / 盘右(R) / 垂直度偏差（视准轴误差C）	一测回角 α 盘右正确读数 $(R+C)$
		2		
		3		
四	横轴垂直于竖轴（用钢尺量取仪器到墙面水平距离 $D=20.12$m）	1	竖盘位置 左 / 右 ; 半测回角	校正时盘右正确读数 $P_1 P_2$
		2		
五	竖盘指标差	1	竖盘读数 盘左(L) / 盘右(R) / 指标差 x	垂直度偏差 (i)
		2		
		3		
六	光学对中器	1	观测对中器分划板上偏离量 距经纬仪1.5m / 距经纬仪0.6m / 指标差 x 偏离量的均值	对中器视轴与竖轴的同轴度偏差 $(R-x)$
		2		
		3		

正。因此,检验校正工作必须反复进行几次,直到满足限差要求。

光学对中器可以校正部件因仪器类型而异,有的校正转向棱镜,有的校正分划板,而有的则是两者均应校正。一般光学对中器校正工作由专业维修人员来做。

五、测量记录

(1) 记录示例见表 1-17。

(2) 实验记录于表 1-18。

六、限差与要求

参考光学经纬仪检定规程(JJG 414—2003),经纬仪各轴线几何关系检验校正项目限差要求见表 1-19。

表 1-19　　　　　　　　光学经纬仪检定性能要求一览表

序号	计量性能项目	性 能 要 求	
		DJ_2 级	DJ_6 级
一	水准器轴与竖轴的垂直度偏差	≤1/2 格	
二	十字丝竖丝的铅垂度	不得有目视可见的倾斜	
三	视准轴与横轴的垂直度 C	≤8″	≤10″
四	横轴与竖轴的垂直度偏差 i	≤15″	≤20″
五	竖盘指标差 x	≤16″	≤20″
六	光学对中器视轴与竖轴的同轴度偏差	≤1.0mm	

七、注意事项

(1) 每一项检验完毕,应在指导教师指导下进行校正。

(2) 校正时,应手轻心细,以免损坏仪器。校正完毕,紧固螺钉,不要太紧,校正螺丝应处于稍紧状态。

(3) 校正项目要按顺序进行,次序不能颠倒。

八、回答问题

(1) 水平角观测采用盘左、盘右读数取平均值,是为了消除哪些误差?是否能消除竖轴倾斜引起的水平角测量误差?

(2) 经纬仪有哪些主要轴线?它们之间有怎样的几何关系?为什么要必须满足?

(3) 经纬仪的照准部水准管应如何检验与校正?分析水平角观测时产生误差的原因和观测时应采取的措施。

(4) 竖盘指标差如何检校?

实验 9　距离丈量与磁方位角测量

一、目的与要求

（1）懂得直线定线和用钢尺进行距离丈量、计算方法。

（2）懂得用罗盘仪测定磁方位角的方法。

（3）通过实验，使学生具有直线定线、钢尺量距和计算的能力；具有用罗盘仪测定直线方位角的能力。

（4）每组完成一直线距离的丈量和直线定向的任务，测量成果符合要求。

二、仪器与工具

（1）每组领借：钢尺1把，测钎1个，花杆3根，罗盘仪（带脚架）1个，雨伞1把，记录板1块。

（2）自备：铅笔，计算器，草稿纸。

三、内容与计划

（1）熟悉距离丈量的工具、设备，认识罗盘仪。

（2）用钢尺按一般方法进行距离丈量。

（3）用罗盘仪测定直线的磁方位角。

（4）实验时间计划2学时。

四、方法与步骤

（一）距离丈量

1. 定桩

如图1-23所示，在平坦场地上选定相距约80m的 A、B 两点，在直线 AB 两端各竖立1根花杆。

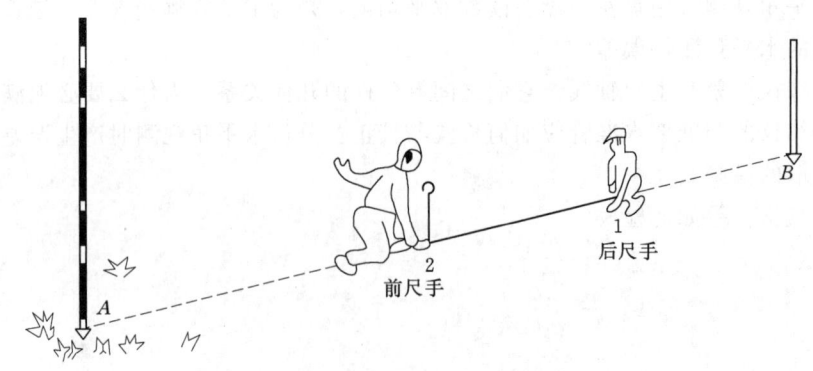

图1-23　平坦地面的距离丈量

2. 往测

（1）后尺手手持钢尺尺头，站在 A 点花杆后，单眼瞄向 A、B 花杆。

(2) 前尺手持钢尺尺盒携带花杆和测钎前行，行至约一整尺长处，根据后尺手指挥，左、右移动花杆，使之插在 AB 直线上。

(3) 后尺手将钢尺零点对准点 A，前尺手在 AB 直线上拉紧钢尺并使之保持水平，在钢尺一整尺注记处插下第一根测钎，完成一个整尺段的丈量。

(4) 前后尺手同时提尺前进，当后尺手行至所插第一根测钎处时，利用该测钎和点 B 处花杆定线，指挥前尺手将花杆插在第一根测钎与 B 点的直线上。

(5) 后尺手将钢尺零点对准第一根测钎，前尺手同法在钢尺拉平后在一整尺注记处插入第二根测钎，随后后尺手将第一根测钎拔出收起。

(6) 同法依次类推丈量其他各尺段。

(7) 最后一段时，量取不足一整尺长。后尺手收起最后一根测钎。

3. 返测

往测结束后，再由 B 点向 A 点同法进行定线量距，得到返测距离。

4. 记录与计算

记录与计算见示例表 1-20。

(二) 磁方位角的测定

(1) 如图 1-24 所示，在 A 点架设罗盘仪，对中、整平，旋松刻度盘底部的磁针固定螺丝。

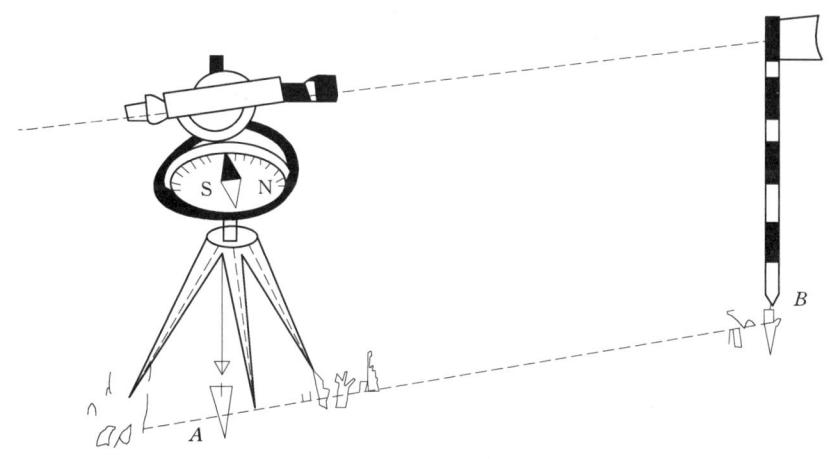

图 1-24 磁方位角的测定

(2) 用望远镜瞄准 B 点（注意保持刻度盘处于整平状态）。

(3) 当磁针摆动静止时，从刻度盘上读取磁针北端所指示的读数，估读到 0.5°，即为 AB 边的磁方位角，做好记录。

(4) 同法在 B 点瞄准 A 点，测出 BA 边的磁方位角。

(5) 计算 AB 边方位角。正、反方位角之差符合要求，取平均值作为 AB 边方位角。如 AB 边的正、反所测方位角为 96°30′ 和 276°00′，符合要求，其平均值为 96°15′，见表 1-20。

五、记录与计算

(1) 记录计算示例见表1-20。

表1-20 距离丈量及磁方位角测定记录表

钢尺号码：200612　　　　钢尺长度：30m　　　　天气：晴天多云
地点：足球场边　　　　　记录者：韦了　　　　　观测者：何芳

测段	丈量	整尺段数 n	余长（m）	直线长度（m）	平均长度（m）	丈量精度	磁方位角（° ′）	磁方位角平均值（° ′）	备注
A―B	往	2	18.638	78.638	78.641	1/9830	96　30	96　15	符合要求
	返	2	18.646	78.646			276　00		
	往								
	返								
	往								
	返								
	往								
	返								

(2) 实验所测量数据记录于表1-21。

表1-21 距离丈量及磁方位角测定记录表

钢尺号码：____　　　　钢尺长度：____　　　　天气：_____
地点：_____　　　　记录者：_____　　　　观测者：_____

测段	丈量	整尺段数 n	余长（m）	直线长度（m）	平均长度（m）	丈量精度	磁方位角（° ′）	磁方位角平均值（° ′）	备注
	往								
	返								
	往								
	返								
	往								
	返								
	往								
	返								

六、限差与规定

(1) 在平坦地区量距，相对误差一般应小于1/3000，困难地区量距，相对误差应小于1/1000。

(2) 测定磁方位角时，正、反磁方位角的互差不大于1°。

七、注意事项

(1) 拉尺时，尺面要保持水平，不得握住尺盒拉紧钢尺。收尺时，手摇柄要顺时针方向旋转。

(2) 距离丈量时，钢尺应避免过往行人、车辆的踩、压，严禁在水中拖拉。

(3) 测磁方位角时，要认清磁针北端，避免铁器干扰。搬迁罗盘仪时，要固定磁针。

(4) 钢尺使用完毕，擦拭后归还。

八、填空与计算

(1) 钢尺量距时，定线的目的是＿＿＿＿＿＿＿＿＿＿＿＿＿＿＿＿＿。

(2) 距离丈量时，相对误差是＿＿＿＿＿＿＿＿＿＿＿＿＿＿＿＿＿。

(3) 罗盘仪的读数方法是＿＿＿＿＿＿＿＿＿＿＿＿＿＿＿＿＿＿。

(4) 对一直线 AB 往返丈量的斜距为 46.398m 和 46.386m，用水准仪测得 AB 高差为 -1.230m，则丈量的精度（K）是＿＿＿＿＿＿＿＿＿＿＿＿＿＿＿＿＿，AB 水平距离＿＿＿＿＿＿＿＿＿＿＿＿＿＿＿＿＿＿＿。

实验10 视距测量

一、目的与要求
(1) 懂得视距测量的观测、记录和计算方法。
(2) 通过实验具有视距测量和计算的能力。
(3) 每人完成3个点的观测、记录和计算,测量结果符合要求。

二、仪器与工具
(1) 每组领借:经纬仪1台套,木桩1根,水准尺1把,雨伞1把,小钢尺1把,记录板1块。
(2) 自备:铅笔,计算器,草稿纸。

三、内容与计划
(1) 练习经纬仪视线水平时视距测量的观测、记录和计算。
(2) 练习经纬仪视线仰视时视距测量的观测、记录和计算。
(3) 练习经纬仪视线俯视时视距测量的观测、记录和计算。
(4) 实验时间计划为2学时。

四、方法与步骤
(1) 如图1-25所示,将经纬仪安置在测站上,对中、整平后,用钢卷尺量取仪器高(i)(精确至厘米),假定测站点地面高程为 $H_0=100$m。

(2) 选择 A、B、C 等3个固定点,每个人用平视、仰视、俯视各一点,在每个点上立水准尺,读取上、下丝读数,中丝读数(斜视时可取与仪器高相等,即 $v=i$),竖盘读数 L 并分别记入视距测量手簿中。竖盘读数时,竖盘指标水准管气泡居中。

(3) 用公式 $D=kl\cos^2\alpha$ (或 $D=kl$) 以及 $h=D\tan\alpha+i-v$ (或 $h=i-v$) 计算平距和高差。用公式 $H_1=H_0+h$ 计算高程。

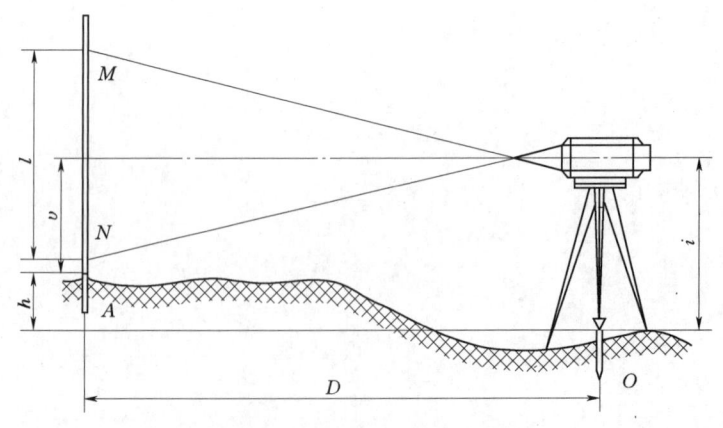

图1-25 视线水平时的视距测量

五、记录与计算

（1）记录与计算示例见表 1-22。表上为一个学生观测的结果。

表 1-22　　　　　　　视距测量记录表

天气：晴　　　仪器号：DJ$_6$　　　班级：建筑工程 2　　　小组：6
测站点号：O　　测站高程：H$_0$=100m　　仪器高度（i）=1.52m　　观测者：韦了　　记录者：何芳

立尺点号	下丝读数 (m)	上丝读数 (m)	$kl=100\times$ (下－上) (m)	中丝读数 v (m)	竖盘读数 L (° ′)	竖直角 α =90°－L (° ′)	平距 $D=kl\cos^2\alpha$ (m)	高差主值 $h'=D\tan\alpha$ (m)	高差 $h=h'+i-v$ (m)	测点高程 $H=H_0+h$ (m)	备注
1	2	3	4	5	6	7	8	9	10	11	12
A	1.768	0.934	83.4	1.35	90 00	0 00	83.4	0.00	0.17	100.17	路
B	2.182	0.660	152.2	1.42	88 33	1 27	152.1	3.85	3.95	103.95	房角
C	2.440	1.860	57.8	2.15	91 35	－1 35	57.8	－1.60	－2.23	97.77	球场

（2）实验测量记录、计算见表 1-23。

表 1-23　　　　　　　视距测量记录表

天气：_____　　仪器号：_____　　班级：_____　　小组：_____
测站点号：_____　测站高程：H$_0$=_____　仪器高度（i）=_____　观测者：_____　记录者：_____

立尺点号	下丝读数 (m)	上丝读数 (m)	$kl=100\times$ (下－上) (m)	中丝读数 v (m)	竖盘读数 L (° ′)	竖直角 α =90°－L (° ′)	平距 $D=kl\cos^2\alpha$ (m)	高差主值 $h'=D\tan\alpha$ (m)	高差 $h=h'+i-v$ (m)	测点高程 $H=H_{站}+h$ (m)	备注
1	2	3	4	5	6	7	8	9	10	11	12

六、限差与规定

（1）每组同学轮流测量周围3个固定点，将观测数据记录在表格中，并用计算器算出水平距离、高差和测点高程。

（2）水平角、竖直角读数到分，水平距离计算到0.1m，高差计算至0.01m。

（3）同一点所测的距离之差不大于±0.3m，高差之差不大于±0.3cm。

七、注意事项

（1）视距测量前应校正竖盘指标差，使指标差小于$1'$。

（2）水准尺应严格竖直。

（3）仪器高度、中丝读数和高差计算精确到厘米，平距精确到分米。

（4）用光学经纬仪中丝读数前，应使竖盘指标水准管气泡居中。

八、填空与计算

（1）视距测量的计算公式：$D=$ _____，$h=$ _____。

（2）视距测量要观测的读数有：_____、_____、_____、_____。

（3）经纬仪设置视线水平的方法是_____、和_____。

（4）已知测站高程为93.03m，仪器高$i=1.56$m，测得视距$kl=56.3$m，竖直角为$-6°15'$，中丝为$v=1.56$m，则水平距离为_____，高差主值为_____和测点高程。

实验 11 经纬仪导线测量

一、目的与要求

(1) 了解导线测量外业工作内容和内业工作。
(2) 进一步巩固钢尺量距及水平角观测方法。
(3) 具有导线测量外业选点、测角和量距和内业导线点坐标计算的能力。
(4) 每组完成 3~4 点闭合导线测量,各项外业测量和内业计算符合要求。

二、仪器与工具

(1) 每组领借:经纬仪一台套,钢卷尺 1 把,测钎 3 个,木桩 4 个,雨伞 1 把,记录板 1 块。
(2) 自备:铅笔,计算器,草稿纸。

三、内容与计划

(1) 如图 1-26 所示,在实验区域内选取 A、B、C、D 四点,A、D 通视,A、B、C 相互通视,组成三角形,假设 AD 边(坐标)方位角已知,A 为已知点。

(2) 进行导线外业测角:如图 1-26 所示 4 个角,每人用测回法一测回观测一个角。

(3) 丈量 AB、BC、CA 三条边长。

(4) 假定 A 点坐标为 (500.00, 500.00),实测 AD (坐标)方位角或假定,求出 B、C 点坐标。

(5) 外业测量计划 2 学时。

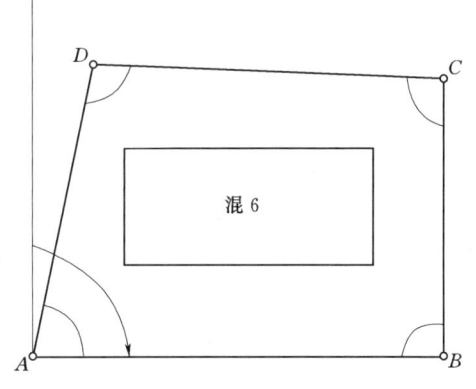

图 1-26 闭合导线测量示意图

四、方法与步骤

1. 外业观测

(1) 选点。根据选点注意事项,再测区内选定几个导线点组成闭合导线,在各导线点打下木桩,钉上小钉或用油漆标定点位,绘出导线略图。

(2) 量距。用钢尺往、返丈量各导线边的边长(读至毫米),若相对误差小于 1/3000,则取其平均值。

(3) 测角。采用经纬仪测回法观测闭合导线各转折角(内角),每角观测一个测回,若上、下半测回差不超 ±40″,则取平均值。若为独立测区,则需用罗盘仪观测起始边的磁方位角。

(4) 计算角度闭合差和导线全长相对闭合差。外业成果合格后,内业计算各导线点的坐标。

2．内业计算

五、记录与计算

每人用测回法一测回测一个角，每组完成一条闭合导线的角度观测、边长测量和起始边方位角，记录于表 1-24，观测成果合格后，用表 1-25 计算各点坐标。

表 1-24　　　　　　　　　导线测量外业记录表

___年___月___日　　　天气：_____　　　仪器型号：_____　　　组号：_____
观测者：_____　　　记录者：_____　　　参加者：_____

测点	盘位	目标	水平度盘读数 (° ′ ″)	水平角 半测回值 (° ′ ″)	水平角 一测回值 (° ′ ″)	示意图及边长
						边长名：_____ 第一次＝_____ m 第二次＝_____ m 平　均＝_____ m
						边长名：_____ 第一次＝_____ m 第二次＝_____ m 平　均＝_____ m
						边长名：_____ 第一次＝_____ m 第二次＝_____ m 平　均＝_____ m
						边长名：_____ 第一次＝_____ m 第二次＝_____ m 平　均＝_____ m
校核	内角和闭合差：$f=$					

六、限差与规定

（1）检查核对所有已知数据和外业数据资料。

（2）角度闭合差的计算和调整：

角度闭合差：$f_\beta = \sum\beta - (n-2) \times 180°$

限差：$f_{\beta容} = \pm 60''\sqrt{n}$

（3）坐标方位角的推算：

$\alpha_前 = \alpha_后 + 180° - \beta_右$；若逆时针编号时：$\alpha_前 = \alpha_后 + \beta_左 - 180°$

由起始边 α_{AD} 算起，应在算回 α_{AD}，并校核无误。

（4）坐标增量计算：

$$\Delta X_{AB} = D_{AB}\cos\alpha_{AB}$$

$$\Delta X_{AB} = D_{AB}\sin\alpha_{AB}$$

(5) 坐标增量闭合差的计算和调整：

纵坐标增量闭合差：$f_x = \sum \Delta x_{测}$

横坐标增量闭合差：$f_y = \sum \Delta x_{测}$

导线全长绝对闭合差：$f = \sqrt{f_x^2 + f_y^2}$

表 1-25　　　　　　　　　导 线 坐 标 计 算 表

____年____月____日　　　　　　计算者：_____　　　　　学号：_____

点号	观测角改正数 (° ′ ″)	改正后角值 (° ′ ″)	坐标方位角 (° ′ ″)	边长 D (m)	坐标增量计算值		改正后坐标增量		坐 标 值	
					Δx	Δy	$\Delta x' = \Delta x + v_x$	$\Delta y' = \Delta y + v_y$	坐	标值
					改正数 v_x	改正数 v_y			x	y
1	2	3	4	5	6	7	8	9	10	11
Σ										
辅助计算		角度闭合差：$f_\beta =$ 　　　　$f_x =$ 　　　　$f_y =$ 　　　　$f_D =$ 容许角度闭合差：$f_{\beta容} =$ 　　　　　　　　　　　　全长相对闭合差：$K =$									

导线全长相对闭合差：$K = \dfrac{f}{\sum D}$

若 $K \leqslant \dfrac{1}{2000}$，符合精度要求，可以平差。将 f_x、f_y 按符号相反，边长成正比例的原则分配给各边，余数分给长边。各边分配数如下：

$$V_{xi} = \frac{f_x}{\sum D} D_i$$

$$V_{yi} = \frac{f_y}{\sum D} D_i$$

分配后要符合：

$$\sum V_x = -f_x$$
$$\sum V_y = -f_y$$

(6) 坐标计算：

若干与国家控制点连测，可假定起点坐标。

$$X_B = X_A + \Delta X_{AB}$$
$$Y_B = Y_A + \Delta Y_{AB}$$

由 X_A、Y_B 算起，应再算回 X_A、Y_B，并校核无误。

(7) 高差闭合差的计算与调整：根据各边往、返测高差计算各边平均高差：$h = 1/2(h_往 - h_返)$

计算高差闭合差：$f_h = \sum h$

计算高差闭合差的限差：$f_{h容} = \pm 40\sqrt{\sum D}$ mm

若 $|f_h| \leq |f_{h容}|$，则将 f_h 按符号相反，边长成正比例分配给各边。

(8) 高程计算：$H_B = H_A + h_{AB}$，由 A 点算起，应再算回 A 点，并校核无误。

(9) 展点。根据所选比例尺大小及起点在测区位置，在坐标纸上绘出纵、横坐标线。根据各导线点坐标，将其展绘在图纸上，并将高程注于其旁。

七、注意事项

(1) 相邻导线点间应互相通视，边长以 60~80m 为宜。若边长较短，测角时应特别注意提高对中和瞄准的精度。

(2) 若未与国家控制网连测，起点坐标可假定，要考虑使其他点位不出现负值。

八、填空与计算

(1) 导线布设的形式有_____、_____ 和 _____ 各在什么情况下使用？答：_____。

(2) 附合导线计算与闭合导线计算的不同有点_____ 和 _____。

(3) 对一闭四点合导线观测其四个内角，角值分别为 91°30′24″、89°01′30″、96°21′48″ 和 83°06′00″，则导线角度闭合差是 _____，容许闭合差 _____。

(4) 选择导线点要注意的问题有 _____、_____、_____ 和 _____。

实验 12　四 等 水 准 测 量

一、目的与要求
(1) 懂得四等水准测量的选点、观测和记录计算方法。
(2) 通过四等水准测量实验，使学生具有四等水准测量的观测、记录和计算的能力。
(3) 进一步提高学生操作水准仪的能力。
(4) 每组完成一条闭合水准路线的观测，每个学生完成 1～2 站的观测和记录计算任务。测量结果要符合要求。

二、仪器与工具
(1) 每组领借：DS_3 水准仪一台套，双面水准尺 1 对，雨伞 1 把，记录板 1 块。
(2) 自备：铅笔，计算器，草稿纸。

三、内容与计划
(1) 如图 1-27 所示，在地面上选出四点 ABCD，构成闭合水准路线，假定 A 点为已知点，高程设为 $H_A=100m$。
(2) 按四等水准测量的方法，观测 AB、BC、CD、DA 各两点间高差。
(3) 每人观测 1～2 站。
(4) 实验计划 2 学时。

四、方法与步骤
(1) 水准尺分别立在 A、B 点上，仪器安置在 A、B 两点的等距离处。
(2) 按照四等水准测量测站观测程序如下(后—后—前—前)：

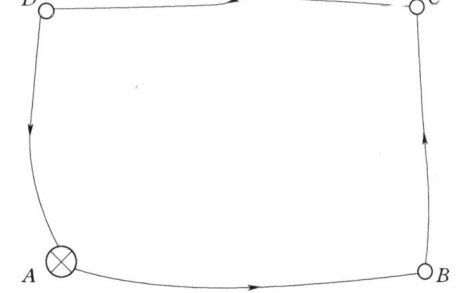

图 1-27　四等水准测量实验示意图

1) 瞄准 A 点后视标尺黑面，精平，读取下丝、上丝、中丝读数，记录。
2) 瞄准 A 点后视标尺红面，精平，读取中丝读数，记录。
3) 瞄准 B 点前视标尺黑面，精平，读取下丝、上丝、中丝读数，记录。
4) 瞄准 B 点前视标尺红面，精平，读取中丝读数，记录。
这种观测程序简称为"后、前、前、后"。
在坚硬的地面上，可以用"后、后、前、前"的观测程序。
(3) 其余 BC、CD、DA 各站观测方法同上述。

五、记录与计算
(1) 记录计算示例，见表 1-26，采用"后前前后"的观测方法，所用仪器为正像仪器。
(2) 实验观测记录见表 1-27，闭合差调整和高程计算见表 1-28。

六、限差与规定
(1) 四等水准测量计算与技术要求：

表 1-26   四等水准测量手簿（双面尺法：后—后—前—前）

仪器：ZDS₃   2008 年 06 月 18 日   观测者：黄叶   记录者：何为

测站编号	立尺点号	后尺 上丝 / 下丝 / 后视距 / 视距差 d(m)	前尺 上丝 / 下丝 / 前视距 / $\sum d$(m)	方向及尺号	水准尺读数（m） 黑面	水准尺读数（m） 红面	K+黑－红 (mm)	平均高差 (m)	备注
		(1)	(5)	后	(3)	(4)	(14)	(18)	$K_1=4.787$
		(2)	(6)	前	(7)	(8)	(13)		$K_2=4.687$
		(9)	(10)	后－前	(15)	(16)	(17)		
		(11)	(12)						
1	A	1.571	0.739	后 K_1	1.384	6.171	0	+0.8325	
	B	1.197	0.363	前 K_2	0.551	5.239	－1		
		37.4	37.6	后－前	+0.833	+0.932	+1		
		－0.2	－0.2						
2	B	2.121	2.196	后 K_2	1.934	6.621	0	－0.0745	
	C	1.747	1.821	前 K_1	2.008	6.796	－1		
		37.4	37.5	后－前	－0.074	－0.175	+1		
		－0.1	－0.3						
3	C	1.914	2.055	后 K_1	1.726	6.513	0	－0.1405	
	D	1.539	1.678	前 K_2	1.866	6.554	－1		
		37.5	37.7	后－前	－0.140	－0.041	+1		
		－0.2	－0.5						
4	D	1.965	2.576	后 K_1	1.832	6.519	0	－0.6095	
	E	1.700	2.309	前 K_2	2.442	7.228	+1		
		26.5	26.7	后－前	－0.610	－0.709	－1		
		－0.2	－0.7						

计算校核

$\sum(9)=138.8$ $\sum[(3)+(4)]=32.700$ $\sum[(15)+(16)]=0.886$ $\sum(18)=+0.008$

$-\sum(10)=139.5$ $-\sum[(7)+(8)]=32.684$ $2\sum(18)=+0.016$

$=-0.7$ $=+0.016$

总视距 $=\sum(9)+\sum(10)=278.3$ m

高差闭合差：$f_h=+0.008$ m

四等水准高差闭合差：$f_{h容}=\pm 6\sqrt{n}=\pm 12$ mm

实验12 四等水准测量

表1-27　　　　　四等水准测量手簿（双面尺法：后—后—前—前）

仪器：_____　　_____年___月___日　　观测者：_____　　　　记录者：_____

测站编号	立尺点号	后尺 上丝 / 下丝 / 后视距 / 视距差 d(m)	前尺 上丝 / 下丝 / 前视距 / ∑d(m)	方向及尺号	水准尺读数（m） 黑面	水准尺读数（m） 红面	K+黑 －红 (mm)	平均高差 (m)	备注
		(1)	(5)	后	(3)	(4)	(14)		K_1=
		(2)	(6)	前	(7)	(8)	(13)	(18)	K_2=
		(9)	(10)	后－前	(15)	(16)	(17)		
		(11)	(12)						
计算校核		∑(9)= −∑(10)= =	∑[(3)+(4)]= −∑[(7)+(8)]= = 总视距=∑(9)+∑(10)=		∑[(15)+(16)] =		∑(18)= 2∑(18)=		

表 1-28　　　　　　　　　　　　**高差闭合差及高程计算表**

班级：_____　　　____年____月____日　　　　　计算者：_____　　　学号：_____

点号	测站数（或路线长度）	测得高差 (m)	高差改正数 (m)	改正后高差 (m)	高　程 (m)	点号
∑						

水准路线示意图：

高差闭合差：$f_h =$

容许高差闭合差额：$f_{h容} =$

　　1）后（前）视距＝后（前）视尺（下丝－上丝）×100

式中：下（上）丝读数以米为单位，后（前）视距长度应不大于100m。

　　2）后、前视距差＝后视距－前视距

　　后、前视距差应不大于5m。

　　3）视距累积差＝前站累积差＋本站视距差

　　视距累积差应不大于10m。

　　4）前（后）视黑、红面读数差＝黑面读数＋标尺常数－红面读数

　　前（后）视黑、红面读数差应不大于3mm。

　　5）黑（红）面高差＝后视黑（红）读数－前视黑（红）读数

　　黑、红面高差之差＝黑面高差－［红面高差±0.1m］

　　黑、红面高差之差应不大于5mm。

　　6）高差中数＝｛黑面高差＋［红面高差±0.1m］｝/2

　　（2）在已知水准点和第一个转点上分别立后视、前视水准尺，水准仪置于距两尺等距处。粗平后，按上述测站观测程序进行观测，并记入表格相应位置，进行测站计算与校核；各项指标均符合要求后方可迁站，否则，立即重测该站。

(3) 仪器迁至第二站，第一站的前视尺不动变为第二站的后视尺，第一站的后视尺移到转点 2 上，变为第二站的前视尺，按与第一站相同的方法进行观测、记录、计算。

(4) 按以上程序依选定的水准路线方向继续施测，直至回到起始水准点 BM_1 为止，完成最后一个测站的观测、记录、测站计算与校核。各站水准尺的移动与普通水准测量一样。

(5) 计算高差闭合差及其允许值。当 $f_h = \sum h \leqslant f_{h容}$ 时，成果合格，否则需查明原因，返工重测。

七、注意事项

四等水准测量是利用水准仪提供的水平视线测取高差、推算高程的。实习时应严格按照操作规范实测，要有高度的工作责任心。此外，应注意以下几方面：

(1) 测量小组一定要团结协作，各负其责。

(2) 使用微倾式水准仪观测时要注意仪器精平才能读取中丝读数。

(3) 立尺要稳、直、要面向仪器，一般转点上要使用尺垫，且注意水准点上不能使用尺垫。

(4) 记录要准确、清晰，字体工整，计算要正确。

(5) 在一个测站上计算完毕，各项指标全部符合要求后方可迁站。

(6) 为防止一个测站上前后视距差超限，立尺员可根据后视距离利用"量步"方法灵活掌握。

八、回答问题

(1) 为什么要对视距累积差进行限制？

(2) 为什么转点要使用尺垫？

(3) 为什么要按照后、前、前、后的观测顺序进行测量？

实验13 经纬仪测绘法测图

一、目的与要求

(1) 了解经纬仪测绘法测图的全过程。
(2) 具有经纬仪测图的观测、立尺选点、记录计算和绘图的初步能力。
(3) 每人测绘一个地物。

二、仪器与工具

(1) 每组领借：经纬仪1台套，皮尺1把，水准尺一把，图板，小脚架，图纸，量角器，三角板1副，雨伞1把，记录板1块。
(2) 自备：铅笔，计算器，草稿纸，橡皮，小刀等。

三、内容与计划

(1) 经纬仪测图法测图。
(2) 实验计划2学时。

四、方法与步骤

(一) 经纬仪测图法的工作步骤

经纬仪测绘就是将经纬仪安置在控制点上，测绘板安置于测站旁，用经纬仪测出碎部点方向与已知方向之间的水平交角；再用视距测量方法测出测站到碎部点的水平距离及碎部点的高程；然后根据测定的水平角和水平距离，用量角器和比例尺将碎部点展绘在图纸上，并在点的右侧注记其高程；最后对照实地情况，按照地形图图式规定的符号绘出地形图，具体施测方法如下。

在一个测站上的测绘工作步骤为：

1. **安置仪器**

如图1-28所示，将经纬仪安置在控制点 A 上，经对中、整平后，量取仪器高 i，并记入碎部测量记录表格中，如表1-29所示；后视另一控制点 B，拨动水平读盘读数为 $0°00'$，则 AB 称为起始方向。

表1-29　　　　　　　　碎部测量记录表

测站：A	定向点：B	仪器高：1.42m	测站高程：207.40m	指标差 $x=0''$	仪器：DJ_6				
测点	尺间隔 l(m)	中丝读数 v(m)	竖盘读数 L	垂直角 α	高差 h(m)	水平角 β	水平距离 D(m)	高程 H(m)	备注
1	0.760	1.420	93°28′	−3°28′	−4.59	114°00′	75.7	202.81	山脚
2	0.750	2.420	93°00′	−3°00′	−4.92	150°30′	74.8	202.48	房角点

将图板安置在测站附近，使图纸上控制边方向与地面上相应控制边方向大致一致。连接图上相应控制点 a、b，并适当延长 ab 线，则 ab 为图上起始方向线。然后用小针通过量角器圆心的小孔插在 a 点，使量角器圆心固定在 a 点。

实验 13 经纬仪测绘法测图

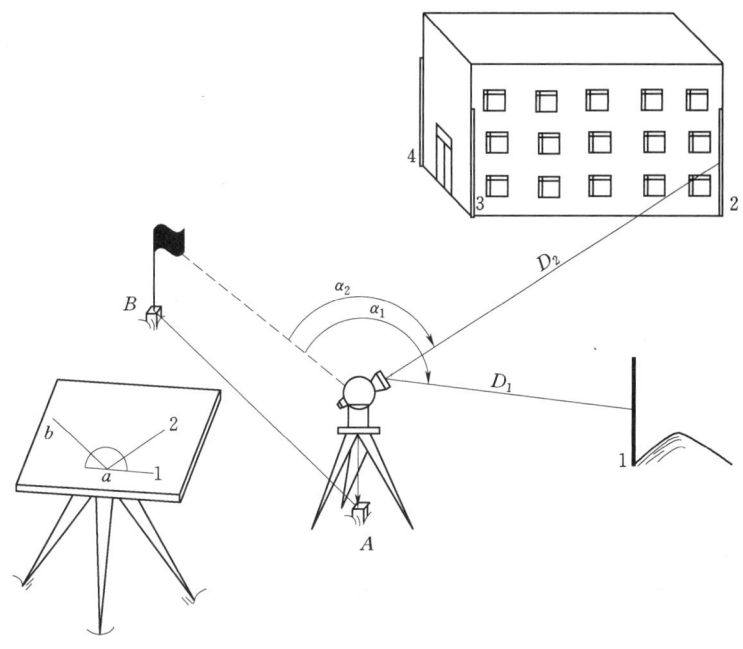

图 1-28 经纬仪测图法

2. 立尺

在立尺之前，跑尺员应根据实地情况及本测站测量范围，与观测员、绘图员共同商定跑尺路线，然后依次将水准尺立在地物、地貌特征点上。

3. 观测

观测员将经纬仪瞄准 1 点水准尺，读尺间隔 l、中丝读数 v、竖盘读数 L 及水平角 β。同法观测 2、3…各点。在观测过程中，应随时检查定向点方向，其归零差不应大于 $4'$。否则，应重新定向。

4. 记录与计算

将观测数据尺间隔 l、中丝读数 v、竖盘读数 L 及水平角 β 逐项记入表 1-30 相应栏内。根据观测数据，用视距测量计算公式，计算出水平距离和高程，填入表 1-30 相应栏内。在备注栏内注明重要碎部点的名称，如房角、山顶、鞍部等，以便必要时查对和作图。

5. 展点

转动量角器，将碎部点 1 的水平角角值 $114°00'$ 对准起始方向线 ab，如图 1-29 所示，此时量角器上零方向线便是碎部点 1 的方向。然后在零方向线上，按测图比例尺根据所测的水平距离 75.7m 定出 1 点的位置，并在点的右侧注明其高程。同法，将其余各碎部点的平面位置及高程，展绘于图上。

6. 绘图

参照实地情况，随测随绘，按地形图图式规定的符号将地物和等高线绘制出来。在测绘地物、地貌时，必须遵守"看不清不绘"的原则。地形图上的线划、符号和注记一般在

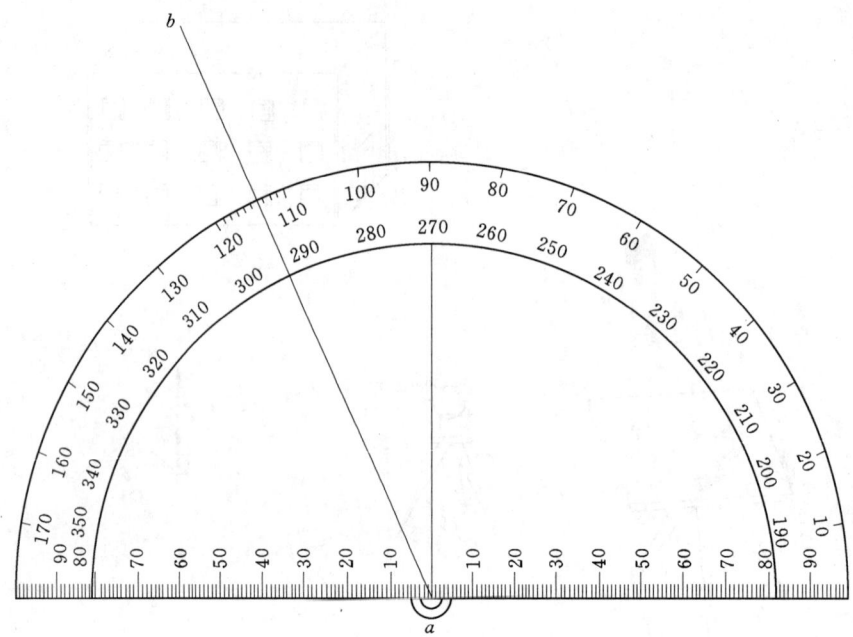

图 1-29 量角器展绘碎部点

现场完成。要做到点点清、站站清、天天清。

为了相邻图幅的拼接，每幅图应测出图廓外 5mm。自由图边（测区的边界线）在测绘过程中应加强检查、确保无误。

（二）地物的绘制

国家图式规定的地物符号有 3 种，在地形图上，如果地物的外轮廓线的形状、大小能够依比例表示的，则根据所测的外轮廓点用线粗为 0.15mm 的直线相连；不能依比例表示时，则用图式中的非比例符号描述。描绘时，参照相应比例尺的地形图图式执行；如果线状物体长度能依比例，宽度不能依比例表示时，则用相应的线状符号依次连接图上线状物体的特征点。

在通常情况下，地物的外轮廓线（或中心线）用实线描绘；地下部分或架空部分在地面的投影用虚线描绘；地类界、地物分界线、范围线、坎（坡）脚线用点线表示。

五、限差与规定

1. 测图中的方向要求

经纬仪测图时，经纬仪归零差不应大于 $2'$；若超过要求，应检查分析原因，并检测前面已经测过的碎部点，必要时进行部分重测。

2. 仪器对中偏差的要求

仪器对中的偏差不应大于图上 0.05mm，若超过要求，应重新进行对中、整平。

3. 地形测图的精度

地形测图的精度，是以地物点相对于邻近图根点的位置中误差和等高线相对于邻近图根点的高程中误差来衡量的。这两种中误差不应大于表 1-31 中的规定。

实验 13 经纬仪测绘法测图

表 1-30　　　　　　　　　　碎 部 测 量 记 录 表

测站：_____　　定向点：_____　　仪器高：_____m　　测站高程：_____m　　指标差 $x=$ _____″　　仪器：_____

测点	尺间隔 l(m)	中丝读数 v(m)	竖盘读数 L	垂直角 α	高差 h(m)	水平角 β	水平距离 D(m)	高程 H(m)	备注

表 1-31　　　　　　　　　　地 形 图 的 精 度 要 求

测区类别	图上地物点位置中误差（mm）		等高线的高程中误差（等高距）		
	轮廓明显的地物	轮廓不明显的地物	<6°	6°~15°	>15°
一般地区	±0.6	±0.8	1/3	1/2	1
城市建筑物	±0.4	±0.6			

4. 最大视距

为保证碎部点的测绘精度，在大比例尺地形测图中，一般规范都对立尺点至测站点的最大视距作出了规定：1∶1000 比例尺测图时，不应超过 100m；1∶2000 比例尺测图时，不应超过 200m；1∶5000 比例尺测图时，不应超过 300m。

5. 碎部点的密度

对于地物测绘而言，碎部点的数量取决于地物的数量及其形状形状的繁简程度。对于地貌来说，碎部点的数量与地貌的复杂程度、等高距的大小及测图比例尺有关。一般在地面坡度平缓处，碎部点可酌量减少；在地面坡度变化较大、转折较多处，就应适量增加立尺点。通常，在图上 1cm² 内有一个立尺点就可以了。在直线段或坡度均匀的地方，碎部点最大间距，1∶1000 测图时不超过 30m，1∶2000 测图时不超过 50m，1∶5000 测图时不超过 100m。

6. 图面要求

地形图图面应内容齐全、主次分明、清晰易读，各种地物、地貌位置正确、形状相似、综合取舍适当，各种线条、地形符号运用统一、正确、标准，各种说明和文字注记真实、齐全、规范。

六、注意事项

（1）施测前应对竖盘指标差进行检测，要求小于 $1'$。

（2）每一测站每测若干点或结束时，应检查起始方向是否为零，即归零差是否超限。若超限，需重新安置为 $0°00'00''$，然后逐点改正。

（3）每一测站测绘前，先对在另一控制点所测碎部点和测区内已测碎部点进行检查，碎部点检查应不少于两个。检查无误后，才能开始测绘。

（4）每一测站的工作结束后，应在测绘范围内检查地物、地貌是否漏测、少测，各类地物名称和地理名称等是否清楚齐全，在确保没有错误和遗漏后，可迁至下一站。

七、回答问题

（1）经纬仪测图的技术要求有哪些？

（2）简述经纬仪测绘法测图在一个测站上的测绘工作。

（3）如何在碎部测量记录表格上进行记录与计算？

（4）经纬仪测图的注意事项是什么？

实验 14　极 坐 标 法 放 样

一、目的与要求
(1) 懂得极坐标法测设数据的计算及和测设方法和要求。
(2) 能正确设置水平度盘读数和进行钢尺量距。
(3) 具有极坐标法测设建筑物的能力。
(4) 每组完成一个建筑物的测设,并符合要求。

二、仪器与工具
(1) 每组领借:经纬仪 1 台套,钢尺 1 把,木桩 4 个,斧子 1 把,雨伞 1 把,记录板 1 块。
(2) 自备:铅笔,计算器,草稿纸等。

三、内容与计划
(1) 极坐标法放样建筑物。
(2) 实验计划 2 学时。

四、方法与步骤

1. 计算测设数据

如图 1-30 所示,A、B 为已知平面控制点,其坐标值分别为 $A(x_A, y_A)$、$B(x_B, y_B)$,P 点为建筑物的一个角点,其坐标为 $P(x_P, y_P)$。现根据 A、B 两点,用极坐标法测设 P 点,其测设数据计算方法如下。

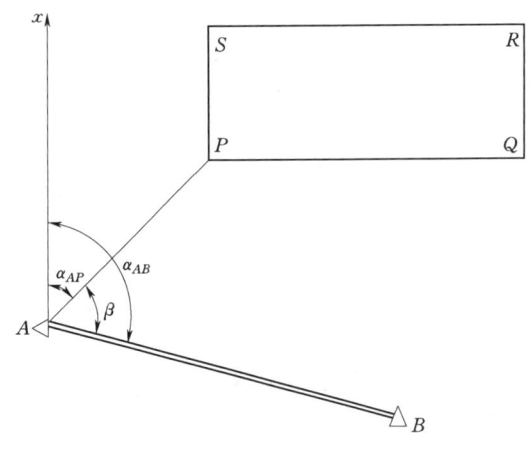

图 1-30　极坐标法测设地物

(1) 计算 AB 边的坐标方位角 α_{AB} 和 AP 边的坐标方位角 α_{AP},按坐标反算公式计算。

$$\alpha_{AB} = \arctan \frac{\Delta y_{AB}}{\Delta x_{AB}} \qquad \alpha_{AP} = \arctan \frac{\Delta x_{AP}}{\Delta y_{AP}}$$

注意:每条边在计算坐标方位角时,应根据 Δx 和 Δy 的正负情况,判断该边所属象限。

(2) 计算 AP 与 AB 之间的夹角。

$$\beta = \alpha_{AB} - \alpha_{AP}$$

(3) 计算 A、P 两点间的水平距离。

$$D_{AP} = \sqrt{(x_P - x_A)^2 + (y_P - y_A)^2} = \sqrt{\Delta x_{AP}^2 + \Delta y_{AP}^2}$$

2. 点位测设方法

(1) 在 A 点安置经纬仪,瞄准 B 点,按逆时针方向测设 β 角,定出 AP 方向。
(2) 沿 AP 方向自 A 点测设水平距离 D_{AP},定出 P 点,作出标志。
(3) 用同样的方法测设 Q、R、S 点。全部测设完毕后,检查建筑物四角是否等于

$90°$,各边长是否等于设计长度,其误差均应在限差范围内。

3. 检测

(1) 实测四个内角,应为 $90°$,误差符合要求。

(2) 实测四条边长,计算相对误差,应符合要求。

(3) 实测对角线长,误差符合要求。

以上检测记录在表 1–34 中。

表 1–32　建筑物设计数据表

待测点号	设计坐标	
	x	y
P	130.000	140.000
Q	130.000	185.000
R	145.000	185.000
S	145.000	140.000

五、记录与计算

(一) 测设点的平面位置示例

(1) 如图 1–30 所示,已知 $x_A = 100.00\text{m}$,$y_A = 100.00\text{m}$,$x_B = 80.00\text{m}$,$y_B = 150.00\text{m}$,建筑物 4 个角点坐标见表 1–32,求测设数据等。

(2) 计算测设数据(放样 P 点的数据)。

$$\alpha_{AB} = \arctan\frac{y_B - y_A}{x_B - x_A} = \arctan\frac{150.00 - 100.00}{80.00 - 100.00} = 111°48'05''$$

$$\alpha_{AP} = \arctan\frac{y_P - y_A}{x_P - x_A} = \arctan\frac{140.00 - 100.00}{130.00 - 100.00} = 53°07'48''$$

$$\beta = \alpha_{AB} - \alpha_{AP} = 111°48'05'' - 53°07'48'' = 58°40'17''$$

$$D_{AP} = \sqrt{(x_P - x_A)^2 + (y_P - y_A)^2}$$
$$= \sqrt{(130.00 - 100.00)^2 + (140.00 - 100.00)^2} = \sqrt{30^2 + 40^2} = 50\text{m}$$

将计算的各测设数据填入表 1–33。

(3) 测设方法:按以上所述。

(4) 检测。记录在表 1–34 中,检测结果符合限差要求。

(二) 学生实验

根据图 1–31 所注的数据,用极坐标法测设 4 个房角点 1、2、3、4。测设数据和检测记录在表 1–35 和表 1–36 中。

六、限差与规定

(1) 经纬仪对中误差不能超过 $\pm 2\text{mm}$。

(2) 放样角度的误差不能超过 $\pm 36''$。

(3) 放样距离的误差不能超过 $1/3000$。

(4) 在地面上标定 P、Q、R、S 点的误差不能超过 $\pm 3\text{mm}$。

七、注意事项

(1) 要仔细校核已知点的坐标和设计点的坐标与实地和设计图纸给定的数据相符。

(2) 尽可能用不同的计算工具或计算方

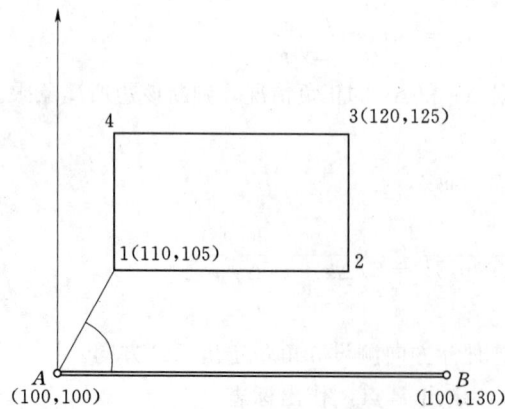

图 1–31　极坐标法测设建筑物

实验14 极坐标法放样

表1-33　　　　　　　　极坐标法测设建筑物记录表

点名	坐标值		方向线	坐标差		坐标方位角 （° ′ ″）	应测设的 水平角 （° ′ ″）	应测设的 水平距离 （m）	备注
	x	y		Δx	Δy				
	m	m		m	m				
A	100.000	100.000	AB	−20.000	+50.000	111 48 05			
B	80.000	150.000							
P	130.000	140.000	AP	30.000	40.000	53 07 48	58 40 17	50.000	
Q	130.000	185.000	AQ	30.000	85.000	70 33 36	41 14 29	90.139	
R	145.000	185.000	AR	45.000	85.000	62 06 10	49 41 55	96.177	
S	145.000	140.000	AS	45.000	40.000	41 38 01	70 10 04	60.208	

测设示意图：

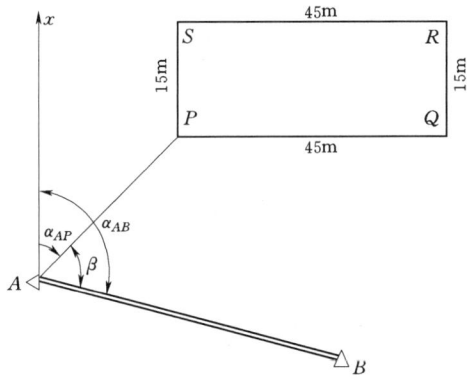

表 1-34　　　　　　　　　　测设检测记录表

角号	实测角值 ° ′ ″	理论值 ° ′ ″	误差 ″	线段	实测距离 m	设计距离 m	误差 mm	相对误差
P	89 59 42	90 00 00	−18	PQ	45.008	45.000	8	1/5600
Q	89 59 54	90 00 00	−6	QR	15.002	15.000	2	1/7500
R	90 00 12	90 00 00	+12	RS	44.996	45.000	−4	1/11200
S	90 00 30	90 00 00	+30	SP	14.997	15.000	−3	1/5000
				PR	47.426	47.434	−8	1/5900
				QS	47.428	47.434	−6	1/7900

检测示意图：

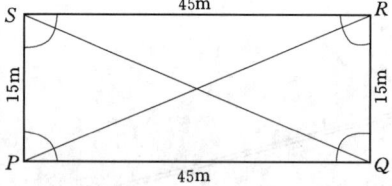

实验 14 极 坐 标 法 放 样

表 1-35　　　　　　　　　　极坐标法测设建筑物计算表

点名	坐标值		方向线	坐标差		坐标方位角（° ′ ″）	应测设的水平角（° ′ ″）	应测设的水平距离（m）	备注
	x	y		Δx	Δy				
	m	m		m	m				

测设示意图：

表 1-36　　　　　　　　　　　测设检测记录表

角号	实测角值 ° ′ ″	理论值 ° ′ ″	误差 ″	线段	实测距离 m	设计距离 m	误差 mm	相对误差

检测示意图：

法进行两人对算，以便互相检核。

（3）用放样出的点进行相互检核。

八、回答问题

（1）简述测设数据的计算步骤。

（2）简述点位的测设方法。

（3）简述极坐标法放样的技术要求。

实验 15　高程与坡度放样

一、目的与要求
（1）掌握高程放样数据及坡度线放样数据计算方法。
（2）懂得高程放样、坡度放样的方法，具有高程放样、坡度放样的能力。
（3）每人完成一已知高程的测设，每组完成一坡度线的测设，符合要求。

二、仪器与工具
（1）每组领借：DS_3 水准仪 1 台套，水准尺 2 把，钢尺 1 把，木桩 4 个，锤子 1 把，雨伞 1 把，记录板 1 块。
（2）自备：铅笔，计算器，草稿纸。

三、内容与计划
（1）根据附近已知点高程与待设高程点设计高程，计算高程测设数据，利用水准仪将已知高程测设于实地。
（2）根据待设坡度线起点、终点，及起点高程和待设坡度 i，计算坡度线放样数据，利用水准仪完成已知坡度线的放样。
（3）每人独立轮流操作仪器，测设一高程构成水平线，测设一坡度桩高程位置，构成一坡度线。

四、实验步骤

（一）高程测设
（1）如图 1-32 所示，在离给定的已知高程点 A 与待测点 P（可在墙面上，也可在给定位置钉大木桩上）距离适中位置架设水准仪，在 A 点上竖立水准尺。
（2）求视线高（H_i）：仪器整平后，瞄准 A 尺读取的后视读数 a，则视线高

$$H_i = H_A + a$$

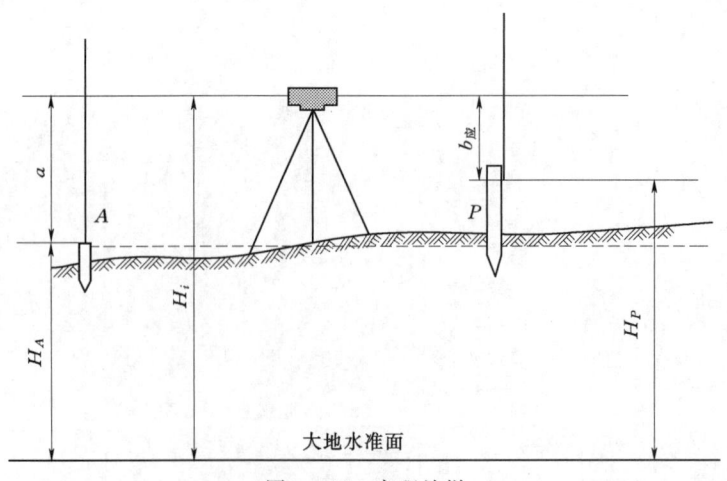

图 1-32　高程放样

(3) 计算应读数（$b_{应}$）：根据 A 点高程 H_A 和测设高程 H_P，计算 P 点桩上的水准尺上应有的前视读数 $b_{应}$：

$$b_{应} = H_i - H_P$$
$$= (H_A + a) - H_P$$

(4) 测设：将水准尺紧贴 P 点木桩侧面，水准仪瞄准水准尺读数，靠桩侧面上下移动调整水准尺，当水平中丝读数等于 $b_{应}$ 时，沿着尺底在木桩上画线（图中红线标记），即为测设（放样）的高程 H_P 的位置。

(5) 每人轮流独立测设同一点 P，测设出的点应在同一高度上，互相校核。

(6) 检查：将水准尺底面置于设计高程位置，再次作前后视观测，测得 P 点高程，与设计高程相比较，如果在 ±5mm 以内，符合要求。测设记录见表 1-37 和测设检查表 1-38。

(二) 坡度线测设

1. 水平视线法

如图所示，A、B 为设计坡度线的两端点，A 点设计高程为 H_A。为了施工方便，每隔一定的距离 d 打入一木桩（坡度桩），要求在木桩上标出设计坡度为 i（图中 $i<0$）的坡度线。施测步骤如下：

(1) 如图 1-33 所示，沿 AB 方向，按规定间距 d 标定出中间 1、2、3…n 各点。

(2) 将水准仪安置在 A、B 两点中间的适当位置，后视水准点 BM，读取后视读数为 a，则视线高为 $H_i = H_{BM} + a$，根据视线高、A 点设计高程 H_A、坡度 i 以及水平距离 d 计算各点设计高程及水准尺上应有读数。

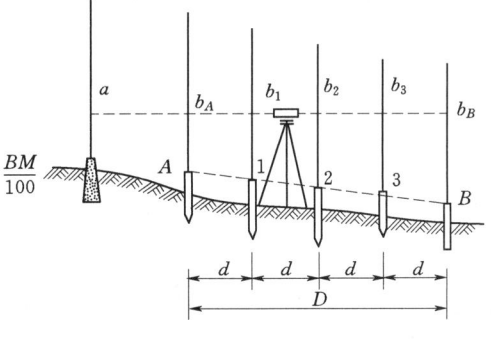

图 1-33 水平视线法

各桩设计高程计算公式：

$$H_{设} = H_{始} + iD$$

式中：$H_{设}$ 为任一桩的设计高程；$H_{始}$ 为坡度线的起点高程；i 为设计的坡度；D 为离坡度线起点的水平距离。

各桩的前视应读数计算公式：

$$b_{应} = H_i - H_{设}$$

式中：H_i 为视线高。

(3) 在各桩处立水准尺，上下移动水准尺，当水准仪对准前视应有读数时，水准尺零端对应位置即为该点设计高程标志线。

(4) 检核。重新安置仪器在 A、B 中间适当位置，后视水准点 S，读取后视读数，得视线高为 $H_i = H_S + a$，分别计算应读数，在各点上立尺，测出各点实读数，计算误差，当误差超限时根据应读数进行调整，记入表 1-37 中。

2. 倾斜视线法

如图 1-34 所示，坡度线测设过程如下：

(1) 实验指导教师给定已知点 A，其高程为 H_A，设计的坡度 i，设计坡度的终点 B，用钢尺量出 AB 之间的水平距离 D_{AB}，根据公式 $H_B = H_A + iD_{AB}$，计算 B 点设计高程。

(2) 先根据附近水准点，将设计坡度线两端 A、B 的设计高程 H_A、H_B，测设于实地，并打入木桩。

(3) 将水准仪安置在 A 点，并量取仪器高 i（A 点设计高程到仪器中心的铅垂距离），安置时使一个脚螺旋在 AB 方向上，另两个脚螺旋的连线大致垂直于 AB 方向线，如图 1-34 所示。

(4) 瞄准 B 点上的水准尺，旋转 AB 方向上的脚螺旋或微倾螺旋，使视线在 B 尺上的读数等于仪器高 i，此时水准仪的倾斜视线与设计坡度线平行，如图 1-34 所示。

(5) 在 A、B 之间按一定间距打坡度桩，当各桩点 1，2，3 上的水准尺读数都等于仪器高 i 时，停止打桩或在尺底画线，各桩顶的连线或各画线的连线即为所要测设的坡度线。

(6) 检测。重新安置水准仪，量水准仪高度 i，依次瞄准 B，3，2，1 点桩顶水准尺并读数，根据仪器高与读数之差计算误差，当误差超限时，根据仪器高进行调整。

当坡度较大时，使用经纬仪进行测设，方法相同。

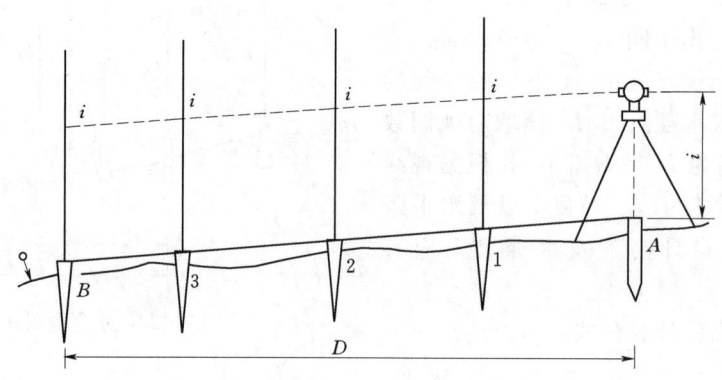

图 1-34 倾斜视线法

五、记录与计算

(一) 高程测设示例（要求每个学生独立测设一次，互相校核）

1. 测设中的记录计算

如图 1-35 所示，已知 BM 点高程为 100.000m，需要测设一个水平面 P_1、P_2、P_3、P_4，其设计高程为 99.500m，在适当位置安置水准仪，后视 BM 点水准尺读数为 1.645，前视 P_1、P_2、P_3、P_4 各桩上水准尺应该有的读数为：

$$b_{应} = H_{BM} + a - H_P = 100.000 + 1.645 - 99.500 = 2.145$$

每个学生独立安置仪器进行测设一个点的示例数据记录于表 1-37。

实验 15 高程与坡度放样

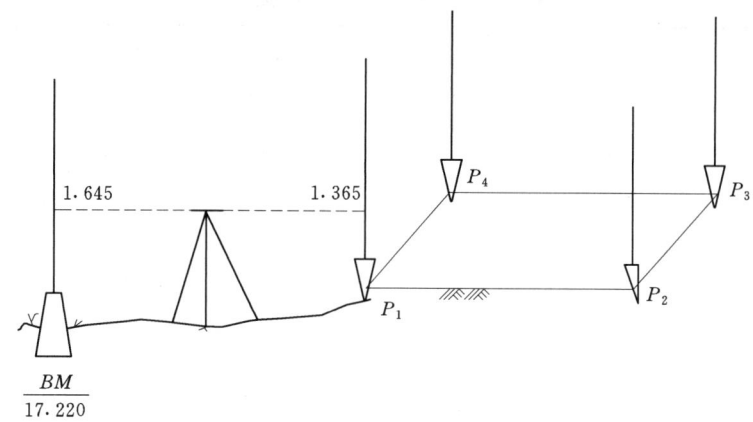

图 1-35 水平面测设

表 1-37　　　　　　　　　高 程 测 设 记 录 表

已知水准点		后视读数（m）	视线高 H_i（m）	待测设点		水准尺上应有读数（m）	检测	
点号	高程（m）			点号	设计高程（m）		实际读数（m）	误差（mm）
BM	100.000	1.645	101.645	P_1	99.500	2.145		
BM	100.000	1.653	101.653	P_2	99.500	2.653		
BM	100.000	1.358	101.358	P_3	99.500	1.858		
BM	100.000	1.760	101.760	P_4	99.500	2.260		
检测								
BM	100.000	1.620	101.620	P_1	99.500	2.120	2.122	−2
				P_2	99.500	2.120	2.123	−3
				P_3	99.500	2.120	2.120	0
				P_4	99.500	2.120	2.117	+3

2. 检查放样结果

这时只需要安置一次仪器，计算一个视线高和应读数，检查各个学生放样的结果，高程位置符合要求。检测记录见表 1-37 后半部分，结果合格。

（二）坡度线测设示例

如图 1-36 所示，已知点 BM，设其高程为 100.000m，坡度起点 A 的设计高程 99.500m，设计的坡度 $i_{AB}=-2\%$，AB 之间的水平距离 $D_{AB}=8m$，当仪器安置在适当位置时，照准 BM 点，读数为 1.638m，计算各桩设计高程、应读数和检测时记录，见表 1-38，测设结果合格。

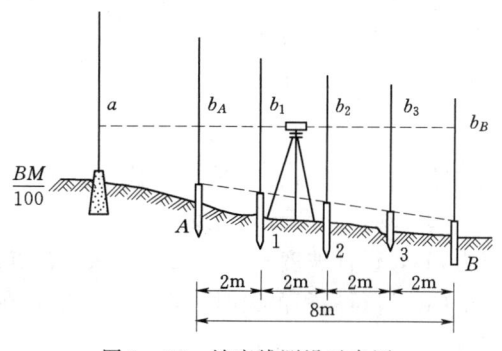

图 1-36 坡度线测设示意图

表 1-38　　　　　　　　　　坡度线测设记录表（水平视线法）

已知水准点		后视读数（m）	视线高 H_i（m）	待测设点		水准尺上应有读数（m）	检测	
点号	高程（m）			点号	设计高程（m）		实际读数（m）	误差（mm）
BM	100.000	1.638	101.638	A	99.500	2.138		
				1	99.460	2.178		
				2	99.420	2.218		
				3	99.380	2.258		
				B	99.340	2.298		
检测								
BM	100.000	1.526	101.526	A	99.500	2.026	2.023	+3
				1	99.460	2.066	2.068	−2
				2	99.420	2.106	2.108	−2
				3	99.380	2.146	2.145	+1
				B	99.340	2.186	2.188	−2

（三）实验

（1）水平面测设，实验图形用图 1-35 所示，测设记录用表 1-39。

（2）坡度线测设，实验图形用图 1-36 所示，测设记录用表 1-40。

六、限差与规定

（1）高程测设限差为 ±5mm。

（2）测设完毕要进行检测，测设误差超限时应重测，并做好记录。

七、注意事项

（1）读数与计算时，要认真细致，互相校核，避免出错。

（2）当受到木桩长度的限制，无法标出测设的位置时，可定出与测设位置相差一数值的位置线，在线上标明差值。

八、填空与计算

（1）已知 A 点高程 $H_A=12.000\mathrm{m}$，B 点设计高程为 13.230m，在 A、B 两点之间安置水准仪，后视 A 点水准尺读数为 2.355，B 点水准尺应该有的读数为_____。

（2）现要测设已知坡度线 AB，已知 A 点设计高程 $H_A=12.000\mathrm{m}$，AB 之间的水平距离为 5m，设计坡度 $i=-0.2$，那么，B 点设计高程为_____。

（3）进行高程测设时，水准仪应安置在_____；进行坡度线测设时，水准仪应安置在_____。

实验15 高程与坡度放样

表1-39　　　　　　　　　　　高 程 测 设 记 录 表

已知水准点		后视读数（m）	视线高 H_i（m）	待测设点		水准尺上应有读数（m）	检测	
点号	高程（m）			点号	设计高程（m）		实际读数（m）	误差（mm）

测设示意图：

表 1-40　　　　　　　　　坡度线测设记录表（水平视线法）

已知水准点		后视读数（m）	视线高 H_i（m）	待测设点		水准尺上应有读数（m）	检测	
点号	高程（m）			点号	设计高程（m）		实际读数（m）	误差（mm）

测设示意图：

实验 16 圆 曲 线 放 样

一、目的与要求
(1) 掌握圆曲线测设元素的计算。
(2) 掌握圆曲线主点里程的计算。
(3) 具有圆曲线主点的测设的能力。
(4) 初步具有用偏角法测设圆曲线的能力。

二、仪器与工具
(1) 每组领借：经纬仪1台套，钢尺1把，木桩若干个，锤子1把，测钎若干，雨伞1把，记录板1块。
(2) 自备：铅笔，计算器，草稿纸。

三、内容与计划
(1) 根据已知的数据计算测设要素和主点里程。
(2) 测设圆曲线主点。圆曲线主点如图1-37所示。
(3) 实验计划2学时。

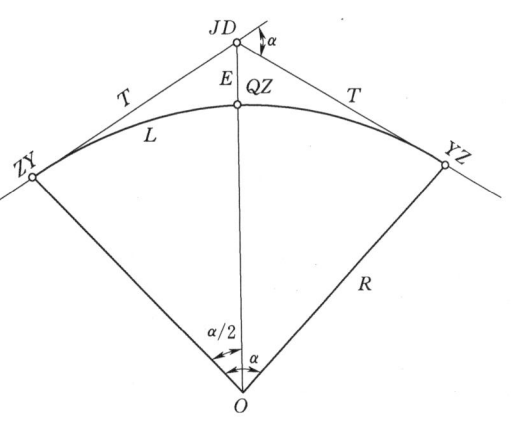

图1-37 圆曲线主点测设

四、方法与步骤
(1) 踏勘选线：根据实验场地地形情况，选择线路的起点 A、交点 JD、终点 B 位置。用木桩标定。线路长度约 200~300m。

(2) 中线测量：从起点 A 开始，设置里程桩，桩距为20m，将里程桩号标注在里程桩侧面上，字面朝向线路起点。测量交点处转折角，测回法观测一个测回。

(3) 圆曲线测设数据准备：
1) 根据给定的转角 α 和圆曲线半径 R，由下列公式计算曲线测设要素 T、L、E。
$$T = R\tan(\alpha/2), \quad L = R\alpha\pi/180°, \quad E = R[\sec(\alpha/2) - 1]$$
2) 根据给定的交点里程，计算主点 ZY、YZ、QZ 里程桩号。公式如下：
ZY 里程桩号 = JD 里程桩号 − T，QZ 里程桩号 = ZY 里程桩号 + $L/2$
YZ 里程桩号 = ZY 里程桩号 + L

3) 圆曲线细部点计算：细部点间距为10m。按照整桩号法设桩，采用偏角法计算细部点位置数据。列出数据表，表格格式如表1-41所示。

(4) 圆曲线主点测设：
1) 如图1-37所示，测设圆曲线的起点 ZY 点：在交点 JD 处架设经纬仪，完成对中整平工作后，转动照准部瞄准 A，制动照准部，转动变换手轮使水平度盘读数为 $0°00'00''$，转动望远镜进行指挥定向,从 JD 出发在该切线方向上量取切线长 T,得 ZY 点,打桩标记。

2)测设圆曲线的终点 YZ 点:转动照准部瞄准 B,制动照准部,转动望远镜进行指挥定向,从 JD 出发在该切线方向上量取切线长 T,得 YZ 点,打桩标记。

3)测设圆曲线中点 QZ 点:经纬仪安置在 JD 点照准 B 不动,水平度盘置零,顺时针转动照准部,使水平度盘读数为 $(180°-α)/2$,得曲线中点方向,在该方向上从 JD_i 量取外矢距 E,定出 QZ 点并打桩标记。

(5)用偏角法进行圆曲线详细测设:

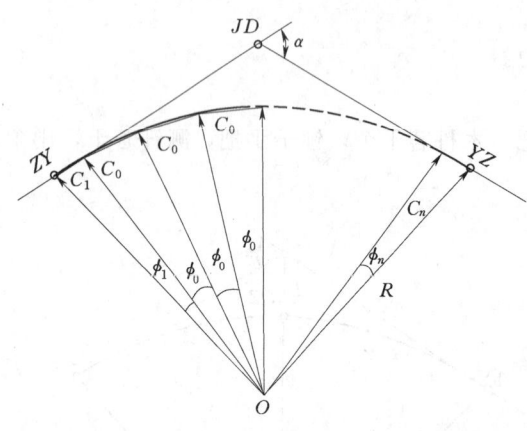

图 1-38 用偏角法进行圆曲线详细测设

1)如图 1-38 所示,在圆曲线起点 ZY 点安置经纬仪,完成对中、整平工作。

2)转动照准部,瞄准交点 JD(即切线方向),转动变换手轮,将水平度盘读数配置为 $0°00'00''$。

3)根据计算出的第一点的偏角值大小 $δ_1$ 转动照准部,当路线左转时,逆时针转动照准部至水平度盘读数为 $360°-δ_1$;当路线右转时,顺时针转动照准部至水平度盘读数为 $δ_1$;(其他偏角方向的确定都参照此法,即左:$360°-δ_i$,右:$δ_i$)。以 ZY 为原点,在望远镜视线方向上量出第一段相应的弦长 C_1 定出第一点 P_1,设桩。

4)根据第二个偏角值的大小 $δ_2$ 转动照准部,定出偏角方向。以 P_1 为圆心,以 C_0 为半径画圆弧,与视线方向相交得出第二点 P_2,设桩。

5)按照上一步的方法,依次定出曲线上各个整桩点点位,直至曲中点 QZ,若通视条件好,可一直测至 YZ 点。比较详测和主点测设所得的 QZ、YZ 点,进行精度校核。

6)偏角法进行圆曲线详细测设也可从圆直点 YZ 开始,以同样的方法进行测设。但要注意偏角的拨转方向及水平度盘读数,与上半条曲线是相反的。当曲线较长时可从圆直点和直圆点两端向曲中点施测,在曲中校核。

五、记录与计算

(一)计算测设数据示例

已知 JD 的桩号为 K3+135.12,偏角 $α=40°20'$,设计圆曲线半径 $R=120$m,桩距 $L_0=20$m,用偏角法测设该圆曲线,计算测设数据,如表 1-41 所示。

1. 计算测设数据

(1)切线长:$T=R\tan(α/2)=120×\tan(40°20'/2)=44.07$

(2)曲线长:$L=Rαπ/180°=84.47$

(3)外矢距:$E=R[\sec(α/2)-1]=7.84$

(4)切曲差:$d=2T-L=3.67$

(5)主点桩号:

实验 16 圆曲线放样

ZY 里程桩号＝JD 里程桩号－T＝K3＋135.12－44.07＝K3＋091.05
QZ 里程桩号＝ZY 里程桩号＋L/2＝K3＋091.05＋42.24＝K3＋133.29
YZ 里程桩号＝ZY 里程桩号＋L＝K3＋091.05＋84.47＝K3＋175.52

校核计算：

(1) JD 里程桩号＝YZ 里程桩号－T＋d＝K3＋175.52－44.07＋3.67＝K3＋135.12（校核正确）

(2) 计算细部点桩号：填入表 1－41。

表 1－41　　　　　　　　　　偏角法测设数据计算表

细部点里程桩号	相邻桩间弧长 L (m)	偏角 Δ_i (°　′　″)	相邻桩间弦长 S (m)
ZY　K3＋091.05		0　00　00	
	8.95		8.95
P1　K3＋100.00		2　08　12	
	20.00		19.98
P2　K3＋120.00		6　54　40	
	13.29		13.28
QZ　K3＋133.29		10　05　00	
	6.71		6.71
P3　K3＋140.00		11　41　09	
	20.00		19.98
P4　K3＋160.00		16　27　37	
	15.52		15.51
YZ　K3＋175.52		20　09　55 (20　10　00)	
		误差：5″	

(3) 计算圆心角和偏角：$L_0=20.00\text{m}$，$L_1=8.95\text{m}$，$L_2=15.52\text{m}$

$$\phi_0 = \frac{L_0}{R} \frac{180°}{\pi} = 9°32'57'', \quad \phi_0/2 = 4°46'28''$$

$$\phi_1 = \frac{L_1}{R} \frac{180°}{\pi} = 4°16'24'', \quad \phi_1/2 = 2°08'12''$$

$$\phi_2 = \frac{L_2}{R} \frac{180°}{\pi} = 7°24'37'', \quad \phi_2/2 = 3°42'18''$$

$$\Delta_1 = \frac{\phi_1}{2} = 2°08'12''$$

$$\Delta_2 = \frac{\phi_1}{2} + \frac{\phi_0}{2} = 2°08'12'' + 4°46'28'' = 6°54'40''$$

$$\Delta_3 = \frac{\phi_1}{2} + \frac{2\phi_0}{2} = 2°08'12'' + 9°32'57'' = 11°41'09''$$

$$\Delta_4 = \frac{\phi_1}{2} + \frac{(4-1)\phi_0}{2} = 11°41'09'' + 4°46'28'' = 16°27'37''$$

(4) 相邻桩间弦长，填入表 1－41 中。

弦长：　　　　　　　$S_0 = 2R\sin\phi_0/2 = 19.98$

$$S_1 = 2R\sin\phi_1/2 = 8.95$$
$$S_2 = 2R\sin\phi_2/2 = 15.51$$

2. 测设曲线（略）

（二）圆曲线测设实验

1. 计算测设数据

已知 JD_2 的桩号为 $K2+236.8$，偏角 $\alpha=60°30'$，设计圆曲线半径 $R=100\text{m}$，桩距 $L_0=20\text{m}$，用偏角法按整桩号测设该圆曲线，计算测设数据，填入表 1-42。

(1) 切线长：$T=$
(2) 曲线长：$L=$
(3) 外矢距：$E=$
(4) 主点桩号：
(5) 细部点桩号：填入表 1-42。
(6) 圆心角和偏角。

各段弧长所对圆心角：

$$\phi_0 = \frac{L_0}{R}\frac{180°}{\pi}$$

$$\phi_1 = \frac{L_1}{R}\frac{180°}{\pi}$$

$$\phi_2 = \frac{L_2}{R}\frac{180°}{\pi}$$

偏角计算：各桩偏角等于相应弧长所对圆心角的一半，填入表 1-42 中。

$$\Delta_1 = \frac{\phi_1}{2}$$

$$\Delta_2 = \frac{\phi_1}{2} + \frac{\phi_0}{2}$$

$$\Delta_3 = \frac{\phi_1}{2} + \frac{2\phi_0}{2}$$

$$\Delta_i = \frac{\phi_1}{2} + \frac{(i-1)\phi_0}{2}$$

(7) 相邻桩间弦长，填入表 1-42 中。

弦长：
$$S_0 = 2R\sin\phi_0/2$$
$$S_1 = 2R\sin\phi_1/2$$
$$S_2 = 2R\sin\phi_2/2$$

2. 测设曲线

根据表 1-42 测设数据，进行测设曲线。

六、限差与规定

(1) 按照圆曲线详细测设方法，从 ZY 点测设到 YZ 点（或 QZ 点），如果与主点测设时的位置不重合，其闭合差一般有如下规定：半径方向上不超过 0.1m，切线方向上不超过 $L/1000$（L 为曲线长）。

实验 16 圆曲线放样

表 1-42　　　　　　　　偏角法测设圆曲线数据表

细部点里程桩号	相邻桩间弧长（m）	偏角 （° ′ ″）	相邻桩间弦长（m）

测设示意图及辅助计算：

（2）当闭合差不超出限差规定时，应进行调整，调整方法如下：若纵向（沿线路方向）闭合差 f_x 小于 1/1000、横向闭合差 f_y 小于 10cm，可根据曲线上各到 ZY（可 YZ）点的距离，按比例进行调整，如图 1-39 所示。

七、注意事项

（1）偏角法测设时，拉距是从前一曲线点开始，必须以对应的弦长为半径画圆弧，与视线方向相交，获得该点。

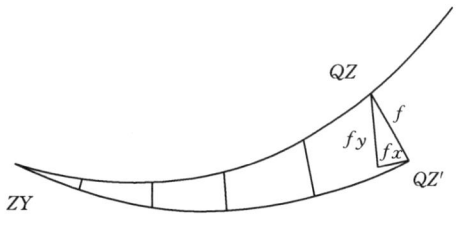

图 1-39　闭合差调整

（2）由于偏角法存在测点误差累积的缺点，因此一般由曲线两端的 ZY、YZ 点分别向 QZ 点施测。

（3）注意偏角的拨转方向及水平度盘读数。

（4）偏角法放样圆曲线细部，计算和操作方法都比较简单，并可自行闭合进行检查，在比较平坦的施工区域应用比较广泛。但该法是逐点测设，误差积累，因此在测设中要特别注意角度配置，精确测定距离。

八、填空与计算

（1）圆曲线测设时，已知数据有哪些？测设数据有哪些？

（2）测设圆曲线主点时，经纬仪安置在_____点；偏角法测设时，安置仪器在_____点。

（3）已知圆曲线的设计半径 $R = 300$m，转角 $\alpha = 25°48'00''$，交点里程为 $K3+182.766$，则切线长 $T = $_____，曲线长 $L = $_____，外矢距 $E = $_____，圆曲线起点 ZY 里程为_____，曲中 QZ 里程为_____，曲线终点 YZ 的里程为_____。

第二部分　全站仪测量实验

实验 1　全站仪的认识与基本使用

一、目的与要求
(1) 了解全站仪的构造，熟悉各部件的名称、功能及作用。
(2) 初步掌握全站仪的使用方法，具有角度测量、距离和高差测量的能力。
(3) 每人完成角度测量一测回，测定两点间的距离和高差。

二、仪器和工具
(1) 每组领借：全站仪 1 台套，对中杆 2 个，雨伞 1 把，记录板 1 块。
(2) 自备：铅笔，计算器，草稿纸。

三、内容与计划
(1) 了解全站仪各部件的名称、功能及作用。
(2) 掌握全站仪的安置方法。
(3) 熟悉全站仪的操作面板各按键名称及作用。
(4) 掌握角度测量、距离测量的方法。
(5) 实验时间安排 4 学时。

四、实验步骤（包括实验图例）

1. 安置仪器

将仪器安置在三脚架上，精确进行对中和整平，其操作方法同光学经纬仪。

2. 了解全站仪各个部件的功能及操作方法

(1) 各部件名称。南方 NTS-350 型全站仪，各部件的名称如图 2-1 (a)、(b) 所示。

(2) 操作键名称及功能。南方 NTS-350 型全站仪操作键名称及功能如图 2-2 及表 2-1 所示。

表 2-1　　　　　　　　NTS-350 型全站仪操作键盘

按　键	名　称	功　能
ANG	角度测量键	进入角度测量模式
◢	距离测量键	进入距离测量模式
↗	坐标测量键	进入坐标测量模式
MENU	菜单键	进入菜单模式

续表

按　键	名　称	功　　　能
ESC	退出键	返回上一级状态或返回测量模式
POWER	电源开关键	电源开关
F1－F4	软键（功能键）	对应于显示的软键信息
0－9	数字键	输入数字和字母、小数点、负号
★	星键	1. 显示屏对比度；2. 十字丝照明；3. 背景光；4. 倾斜改正；5. 设置大气改正和棱镜常数

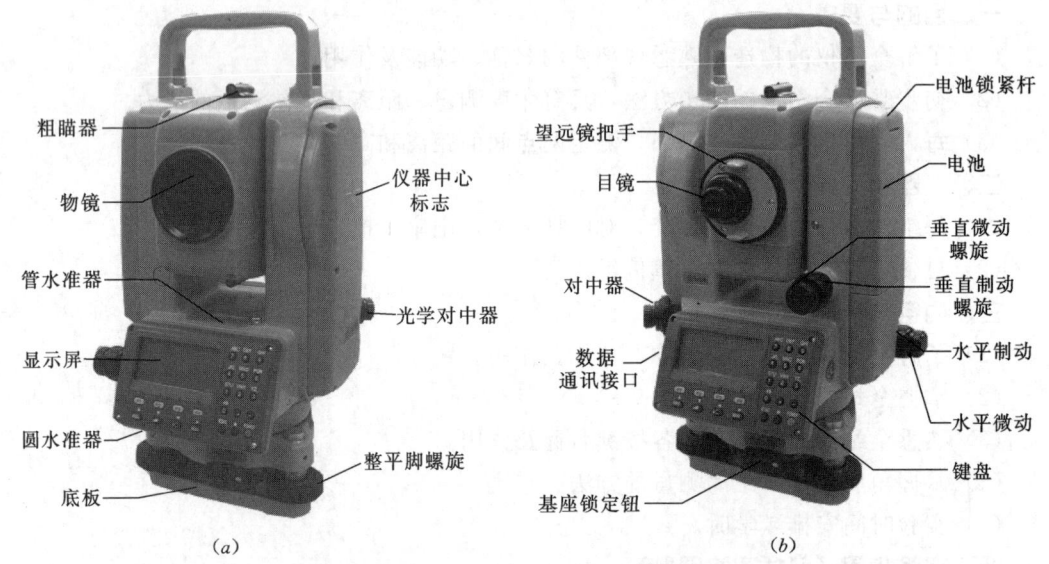

图 2-1　NTS-350 型全站仪

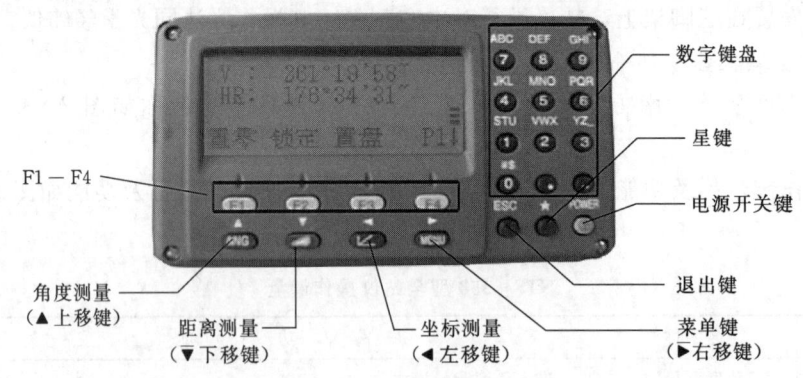

图 2-2　NTS-350 型全站仪

3. 水平角测量

（1）水平角右角测量（上半测回）。按［ANG］键进入角度测量模式，然后按表 2-2 及表 2-3 进行水平角测量的操作。

实验1 全站仪的认识与基本使用

表 2-2　　　　　　　　　　盘左测量水平角操作步骤

操作过程	操作	显示
1. 照准左方目标 A	照准左方目标 A	V：78°33′45″ HR：93°08′35″ 置零　锁定　置盘　P1↓
2. 设置目标 A 的水平角为 0°00′00″，按 [F1]（置零）键和 [F3]（是）键	[F1] [F3]	水平角置零 　　>OK? －－－　－－－　[是]　[否] V：78°33′45″ HR：0°00′00″ 置零　锁定　置盘　P1↓
3. 照准右方目标 B，显示目标 B 的 V/H。V：竖盘读数，HR：上半测回水平角	照准目标 B	V：95°24′23″ HR：102°12′43″ 置零　锁定　置盘　P1↓

（2）水平角（右角/左角）切换。

表 2-3　　　　　　　　　　盘右测量水平角（下半测回）操作

操作过程	操作	显示
1. 按 [F4]（↓）键两次转到第 3 页功能	[F4] 两次	V：122°09′30″ HR：90°09′30″ 置零　锁定　置盘　P1↓ 倾斜　－－－　V%　P2↓ H-蜂鸣　R/L　竖角　P3↓
2. 按 [F2]*（R/L）键。右角模式（HR）切换到左角模式（HL）	[F2]	V：122°09′30″ HL：269°50′30″ H-蜂鸣　R/L　竖角　P3↓
3. 以左角 HL 模式进行测量。照准右方目标—置零		V：122°09′30″ HL：0°00′00″ H-蜂鸣　R/L　竖角　P3↓

85

续表

操作过程	操作	显示
照准左方目标—读数		V：122°09′30″ HL：102°12′36″ H-蜂鸣　R/L　竖角　P3↓
*每次按 F2（R/L）键，HR/HL 两种模式交替切换。		

4. 竖直角测量

竖直角测量见表 2-4。

表 2-4　　　　　竖直角测量（一个目标）操作过程

操作过程	操作	显示
先按［ANG］键进入角度测量模式， 1. 盘左照准目标 A（用横丝切目标的顶端或某一位置），V：78°33′45″即为竖盘读数，记录	照准目标 A	V：78°33′45″ HR：93°08′35″ 置零　锁定　置盘　P1↓
2. 盘右照准目标 A，V：271°26′20″即为盘右竖盘读数，记录		V：271°26′20″ HR：273°08′36″ 置零　锁定　置盘　P1↓

5. 距离和高差测量

距离和高差测量（连续测量）操作过程，见表 2-5。

表 2-5　　　　按 ◸ 距离测量键，进入距离测量模式操作步骤

操作过程	操作	显示
1. 照准棱镜中心	照准	V：78°33′45″ HR：170°30′20″ 置零　锁定　置盘　P1↓
2. 按 ◸ 键，距离测量开始， HD——水平距离； SD——斜距； VD——高差（当仪器高等于镜高时）	◸	HR：170°30′20″ HD*［r］　　　≪m VD：　　　　　　m 测量　模式　S/A　P1↓ HR：170°30′20″ HD*　　　　235.343m VD：　　　　 36.551m 测量　模式　S/A　P1↓

续表

操作过程	操作	显 示
再次按 ◣ 键，显示变为水平角（HR）、垂直角（V）和斜距（SD）	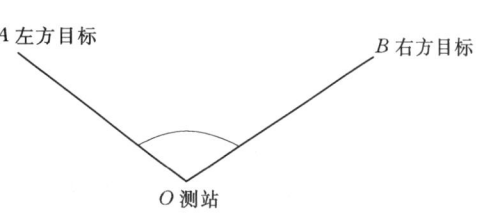	V: 90°10′20″ HR: 170°30′20″ SD* 241.551m 测量 模式 S/A P1↓

五、记录与计算

（一）记录示例

（1）水平角测量记录示例，如图 2-3 所示的角度观测，记录见表 2-6。

（2）竖直角测量记录示例，观测方法与经纬仪相同，记录见表 2-7。

（3）距离测量记录表（表 2-8）。

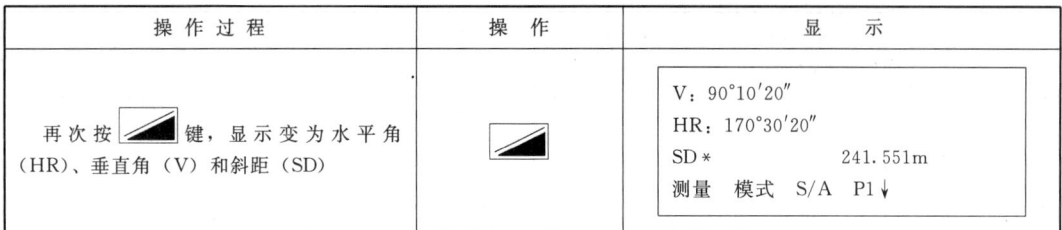

图 2-3 水平角观测

表 2-6   测 回 法 观 测 记 录 表

测站	竖盘位置	目标	水平度盘读数 (° ′ ″)	半测回角值 (° ′ ″)	一测回角值 (° ′ ″)	各测回角值 (° ′ ″)	备注
O	左	A	0 00 00	102 12 43	102 12 36	102 12 37	
		B	102 12 43				
	右	A	102 12 30	102 12 30			
		B	0 00 00				
	左	A	0 00 00	102 12 45	102 12 38		
		B	102 12 45				
	右	A	102 12 32	102 12 32			
		B	0 00 00				

表 2-7   竖 直 角 测 量 记 录 表

测站	目标	竖盘位置	竖盘读数 L(R) ° ′ ″	半测回竖直角 $\alpha_{左}(\alpha_{右})$ ° ′ ″	一测回竖直角 $(\alpha_{左}+\alpha_{右})/2$ ° ′ ″	竖盘指标差 $(\alpha_{右}-\alpha_{左})/2$ ° ′ ″	各测回平均竖直角 ° ′ ″	备注及测量示意图
O	A	盘左	78 33 45	1 26 15	1 26 18	+3	1 26 20	$\alpha_{左}=90°-L$ $\alpha_{右}=R-270°$ 指标差之差≤25″ 测回差≤25″ 仪器高: $i=1.46$m 目标高: $L_A=1.50$m
		盘右	271 26 20	1 26 20				
O	A	盘左	78 33 42	1 26 18	1 26 22	+4		
		盘右	271 26 26	1 26 26				

表 2-8　　　　　　　　　　　　距离测量记录表

边 名	温度 (℃)	气压 (hPa)	距离 (m)	平均值	备注
O-A	23.5	1013	235.343	235.343	
			235.342		
			235.344		
O-B	23.5	1013	168.368	168.367	
			168.366		
			168.367		

(二) 学生实训记录

学生每人轮流操作, 将测量的数据分别记录在表 2-9~表 2-11 中。

表 2-9　　　　　　　　　　　　测回法观测记录表

仪器: ___ 年 ___ 月 ___ 日　　　　观测者: _____　　　　记录者: _____

测站	竖盘位置	目标	水平度盘读数 (° ′ ″)	半测回角值 (° ′ ″)	一测回角值 (° ′ ″)	各测回角值 (° ′ ″)	备注
	左						
	右						
	左						
	右						
	左						
	右						
	左						
	右						
	左						
	右						
	左						
	右						

表 2-10　　　　　　　　　　竖 直 角 测 量 记 录 表

仪器：_____　____年____月____日　　观测者：_____　　记录者：_____

测站	目标	竖盘位置	竖盘读数 $L(R)$ ° ′ ″	半测回竖直角 $\alpha_左(\alpha_右)$ ° ′ ″	一测回竖直角 $(\alpha_左+\alpha_右)/2$ ° ′ ″	竖盘指标差 $(\alpha_右-\alpha_左)/2$ ° ′ ″	各测回平均竖直角 ° ′ ″	备注及测量示意图
		盘左						
		盘右						
		盘左						
		盘右						
		盘左						
		盘右						
		盘左						$\alpha_左=90°-L$
		盘右						$\alpha_右=R-270°$
		盘左						指标差之差≤25″
		盘右						测回差≤25″
		盘左						仪器高：$i=$
		盘右						目标高：$L_A=$
		盘左						
		盘右						
		盘左						
		盘右						
		盘左						
		盘右						

六、限差与要求

（1）全站仪对中误差不超过 3mm，整平误差长水准管气泡偏离不超过 1 格。

（2）正确进行初始设置，包括气压设置、温度设置、棱镜常数设置等。

（3）水平角观测，上、下半测回角值差不超过 40″，各测回角值差不超过 24″。

（4）竖直角观测，各测回角值差不超过 25″，竖盘指标差之差不超过 25″。

（5）距离测量一测回读数差不超过 5mm。

（6）每人至少测两测回。超限重测。

七、注意事项

（1）仪器安装至三脚架上或拆卸时，要一只手先握住仪器，以防仪器跌落，注意安全操作。

（2）作业前应仔细全面检查仪器，确信仪器各项指标、功能、电源、初始设置和改正参数均符合要求时再进行作业。

（3）严禁直接用望远镜瞄准太阳，以免造成电路板烧坏或眼睛失明，若在太阳下作业应安装滤光器。

（4）确保仪器提柄固定螺栓和三角基座制动控制杆紧固可靠。

表 2-11　　　　　　　　　　　距离和高差测量记录表

边名	温度 (℃)	气压 (hPa)	距离 HD (m)		平均值 (m)	高差 VD (m)	平均值 (m)	实际高差 (m)
			1					
			2					
			3					
			1					
			2					
			3					
			1					
			2					
			3					
			1					
			2					
			3					
			1					
			2					
			3					
			1					
			2					
			3					
			1					
			2					
			3					
			1					
			2					
			3					
			1					
			2					
			3					

(5) 操作过程中，旋转制动螺旋时不要用力太大，以免造成滑丝。

八、回答问题

(1) 在角度测量中，如何进行左右角切换？

(2) 在角度测量中，如何设置目标方向为 0°00′00″？

(3) 如何进行温度设置、气压设置和棱镜常数设置？

(4) 在距离测量中，如何进行平距和斜距切换？

实验 2 坐 标 测 量

一、目的与要求

(1) 了解坐标测量原理及数据存储、传输原理与方法。

(2) 初步掌握坐标文件的建立与管理。

(3) 懂得测站点坐标设置、后视点坐标设置、坐标测量的方法。

(4) 具有测站设置和坐标测量的能力。

(5) 每人独立完成 2~4 个点的坐标测量。

二、仪器和工具

(1) 每组领借：全站仪 1 台套，对中杆 2 个，雨伞 1 把，记录板 1 块。

(2) 自备：铅笔，计算器，草稿纸。

三、内容与计划

(1) 熟悉坐标测量的测站设置、后视点坐标或后视方向设置。

(2) 进行三维坐标测量。

(3) 建立和管理坐标测量文件。

(4) 实验时间安排 4 学时。

四、方法与步骤（包括实验图例）

(1) 在测站点安置全站仪，进行对中、整平。

(2) 按下 MENU 键，仪器进入主菜单 1/3 模式，如图 2-4 所示。再按下 F1（数据采集）键，显示数据采集菜单 1/2（表 2-12）。

(3) 数据文件的选用和建立（表 2-12）。

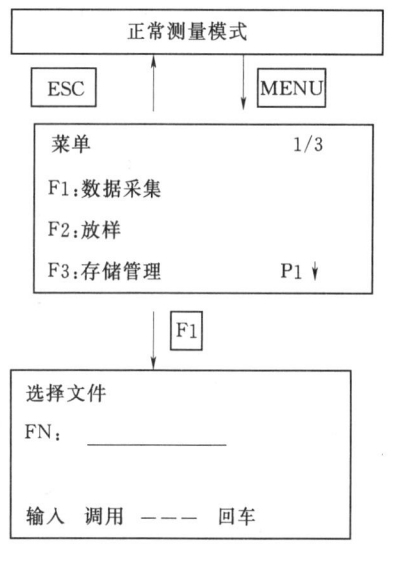

图 2-4 主菜单模式

表 2-12　　　　数据文件的选用和建立操作步骤

操 作 过 程	操 作	显 示
1. 由主菜单 1/3 按 F1（数据采集）键	F1	选择文件 FN：_____ 输入　调用　———　回车
2. 按 F2（调用）键，显示文件目录 * 1)	F2	SOUDATA　　　　/M0123 —>*LIFDATA　　　　/M0234 DIEDATA　　　　/M0355 ———　查找　———　回车

续表

操作过程	操作	显　　示
3. 按［▲］键或［▼］键使文件表向上下滚动，选定一个文件＊2），3）	［▲］或［▼］	LIFDATA　　　　　/M0234 DIEDATA　　　　　/M0355 —＞KLSDATA　　　　/M0038 ———　　查找　　———　　回车
4. 按 F4（回车）键，文件即被确认显示数据采集菜单1/2	F4	数据采集　　　　　　　　1/2 F1：　输入测站点 F2：　输入后视点 F3：　测量　　　　　P↓
＊1）如果您要创建一个新文件，并直接输入文件名，可按 F1（输入）键，然后键入文件名 ＊2）如果菜单文件已被选定，则在该文件名的左边显示一个符号"＊" ＊3）按 F2（查找）键可查看箭头所标定的文件数据内容 选择文件也可由数据采集菜单2/2按上述同样方法进行		

（4）测站点和后视点设置。

1）测站点坐标可按如下两种方法设定：①利用内存中的坐标数据来设定。②直接由键盘输入。

本例以直接由键盘输入为例，操作过程见表2-13。

表2-13　　　　　　　　测站点坐标设定操作过程（由键盘输入）

操作过程	操作	显　　示
1. 由数据采集菜单1/2，按［F1］（输入测站点）键，即显示原有数据	［F1］	点号　　　　　—＞PT－01 标识符：＿＿＿＿＿ 仪高：　　0.000　m 输入　查找　记录　测站
2. 按 F4（测站）键	［F4］	测站点 点号：　　PT－01 输入　调用　坐标　回车
3. 按 F3（坐标）键，输入测站坐标	［F3］	N—＞　　　　0.000　m E：　　　　　0.000　m Z：　　　　　0.000　m 输入　———　———　回车
4. 按［F1］（输入）键，输入 N 坐标	［F1］ 输入数据 回车键［F4］	N：　　　　36.976　m E—＞　　　　0.000　m Z：　　　　　0.000　m 输入　———　———　回车

续表

操作过程	操作	显示
5. 同样方法输入 E、Z 坐标	回车键 [F4]	N: 36.976 m E: 298.578 m Z: 45.330 m 测量 模式 S/A P1↓
6. 按 F1（输入）键点号	输入点号 [F4]	点号 ->PT-11 标识符： 仪高： 0.000 m 输入 查找 记录 测站
7. 输入标识符，输入仪高。（标识符可略）	输入标识符 输入仪高	点号 ->PT-11 标识符： 仪高： 1.235 m 输入 查找 记录 测站
8. 按 F3（记录）键	[F3]	点号 ->PT-11 标识符： 仪高-> 1.235 m 输入 查找 记录 测站 >记录？ [是][否]
9. 按 F3（是）键，显示屏返回数据采集菜单 1/3	[F3]	数据采集 1/2 F1：输入测站点 F2：输入后视点 F3：测量 P↓

2) 后视点定向角可按如下三种方法设定：①利用内存中的坐标数据来设定。②直接键入后视点坐标。③直接键入设置的定向角。

本例以直接键入后视点坐标为例，操作过程如表 2-14 所示。

表 2-14　　　　　用直接键入后视点坐标定向的操作

操作过程	操作	显示
1. 由数据采集菜单 1/2 按 [F2]（后视），即显示原有数据	[F2]	后视点 -> 编码： 镜高： 0.000 m 输入 置零 测量 后视
2. 按 [F4]（后视）键	[F4]	后视 点号-> 输入 调用 NE/AZ [回车]

93

续表

操作过程	操作	显 示
3. 按 [F3] (NE/AZ) 键	[F3]	N→ 0.000m E: 0.000m 输入 ——— AZ 回车
4. 按 [F1] (输入) 键，输入 N、E 坐标	[F1] 输入数据 回车键 [F4]	N=78.345m E=188.872m 输入 ——— AZ 回车
5. 输入点号，按 [F4] (ENT) 键。按同样方法，输入点编码，反射镜高	输入 PT # [F4]	后视点 —>PT-22 编码： 镜高： 0.000 m 输入 置零 测量 后视
6. 按 [F3] (测量) 键	[F3]	后视点 —>PT-22 编码： 镜高： 0.000 m 角度 *斜距 坐标 ———
7. 照准后视点，选择一种测量模式并按相应的键 例：按 [F3] (坐标) 键进行坐标测量，根据定向角计算结果设置水平度盘读数测量结果被寄存，显示屏返回到数据采集菜单 1/2	照准后视点 [F3]	N <<< m E <<< m >测量…

（5）进行待测点的测量，并存储数据，如表 2-15 所示。

表 2-15   测定待定点坐标并存储操作过程

操作过程	操作	显 示
1. 由数据采集菜单 1/2，按 F3 (测量) 键，进入待测点测量	F3	数据采集 1/2 F1：测站点输入 F2：输入后视 F3：测量 P↓ 点号—> 编码： 镜高： 0.000 m 输入 查找 测量 同前

续表

操作过程	操 作	显 示
2. 按 F1（输入）键，输入点号后按 F4 确认	F1 输入点号 F4	点号　　　　＝PT－01 编码： 镜高：　　　0.000　m 回退　空格　数字　回车 点号　　　　＝PT－01 编码－＞ 镜高：　　　0.000　m 输入　查找　测量　同前
3. 按同样方法输入编码，棱镜高	F1 输入编码 F4 F1 输入镜高 F4	点号：　　　PT－01 编码：－＞　SOUTH 镜高：　　　1.200　m 输入　查找　测量　同前 角度　＊斜距　坐标　偏心
4. 按 F3（测量）键	F3	
5. 照准目标点	照准	
6. 按 F1 到 F3 中的一个键 例：F2（斜距）键 开始测量 数据被存储，显示屏变换到下一个镜点	F2	V：　　　90°00′00″ HR：　　　0°00′00″ SD＊［n］　　　＜＜＜　m ＞测量… 〈完成〉
7. 输入下一个镜点数据并照准该点		点号：　　　－＞PT－02 编码：　SOUTH 镜高：　　　1.200　m 输入　查找　测量　同前
8. 按 F4（同前）键 按照上一个镜点的测量方式进行测量 测量数据被存储 按同样方式继续测量 按 ESC 键即可结束数据采集模式	照准 F4	V：　　　90°00′00″ HR：　　　0°00′00″ SD＊［n］　　　＜＜＜m ＞测量… 〈完成〉

五、测量记录

每个学生测量 3～4 个点坐标记录在表 2－16 中。

表 2-16 坐标测量记录表

仪器：_____ ___年___月___日   观测者：_____   记录者：_____

点号	纵坐标 X(m)	横坐标 Y(m)	备注
A			已知
B			已知
			新点

注　在练习中可以用已知的控制点作为测站点和后视点，也可以用假设测站点的坐标和 AB 边方位角进行测定新点的坐标。

六、技术要求

（1）全站仪对中误差不超过 3mm，整平误差长水准管气泡偏离量不超过 1 格。
（2）照准后视测量后视点坐标的误差不超过 5mm。
（3）正确设置温度、气压和棱镜常数。

七、注意事项

（1）注意仪器的安全操作。
（2）正确设置棱镜高，在测量过程中如改变棱镜高，应在仪器设置中做相应改变。
（3）输入后视点坐标后一定要照准后视点进行测量，记录。

八、回答问题

（1）如何建立和选择数据储存文件？
（2）如何设置仪器高、棱镜高？
（3）如何设置后视方向的方位角和后视点坐标？
（4）如何查看最后测量点的坐标？

实验3 坐标放样

一、目的与要求
(1) 能够进行坐标放样设置。
(2) 能够熟练掌握利用全站仪进行坐标放样的方法,具有放样建筑物的能力。
(3) 每组完成一个建筑物的放样。

二、仪器和工具
(1) 每组领借:全站仪1台套,棱镜1个,对中杆1个,雨伞1把,木桩4个,铁钉4个,锤子1把,钢尺1把,记录板1块。
(2) 自备:铅笔,计算器,草稿纸。

三、内容与计划
(1) 如图2-5所示,根据已知控制点A、B和建筑物轴线点1、2的坐标,计算出建筑物轴线点3、4点的坐标,然后A点设测站,B点为后视方向,用全站仪测设建筑物轴线点1、2、3、4各点,用钢尺检核12、23、34、41边及对角线13和24的水平距离。
(2) 实验时间安排4学时。

四、方法与步骤
(1) 如图2-5所示,计算出3点、4点坐标,填入表2-18中。
(2) 在A点安置全站仪,进行对中、整平。
(3) 设置测站点。设置测站点的方法有如下两种:
1) 利用内存中的坐标设置。
2) 直接键入坐标数据。
本例采用直接键入坐标数据。操作过程如表2-17所示。

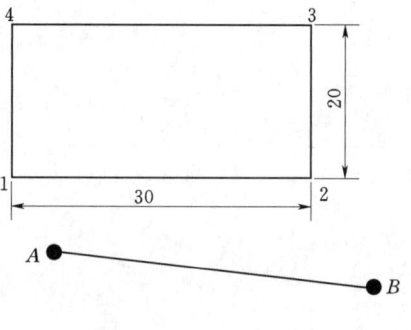

图2-5 坐标放样

表2-17　　　　　　　　设置测站点的操作步骤

操作过程	操作	显示
1. 由放样菜单1/2按 F1 (测站点号输入)键,即显示原有数据	F1	测站点 点号:——— 输入　调用　坐标　回车
2. 按 F3 (坐标)键	F3	N:　　　0.000　m E:　　　0.000　m Z:　　　0.000　m 输入　———　点号　回车

续表

操作过程	操作	显 示
3. 按 F1 (输入) 键，输入坐标值按 F4 (ENT) 键	F1 输入坐标 F4	N： 10.000 m E： 25.000 m Z： 63.000 m 输入 ——— 点号 回车
4. 按同样方法输入仪器高，显示屏返回到放样菜单1/2	F1 输入仪高 F4	仪器高 输入 仪高： 0.000 m 输入 ——— ——— 回车
5. 返回放样菜单	F1 输入 F4	放样 1/2 F1：输入测站点 F2：输入后视点 F3：输入放样点 P↓

（4）设置后视点。设置后视点的方法有如下三种：

1）利用内存中的坐标数据文件设置后视点。
2）直接键入坐标数据。
3）直接键入设置角。

例：直接输入后视点坐标，见表 2-18。

表 2-18　　　　　　　设置后视点坐标的操作步骤

操作过程	操作	显 示
1. 由放样菜单1/2按 F2 (后视) 键，即显示原有数据	F2	后视 点号 = ： 输入 调用 NE/AZ 回车
2. 按 F3 (NE/AZ) 键	F3	N-> 0.000 m E： 0.000 m 输入 ——— 点号 回车
3. 按 F1 (输入) 键，输入坐标值按 F4 (回车) 键	F1 输入坐标 F4	后视 H（B）= 120°30′20″ >照准？ [是] [否]
4. 照准后视点	照准后视点	
5. 按 F3 (是) 键，显示屏返回到放样菜单1/2	照准后视点 F3	放样 1/2 F1：输入测站点 F2：输入后视点 F3：输入放样点 P↓

(5) 进行放样，见表 2-19 操作过程。

表 2-19　　　　　　　　　　　放 样 操 作 过 程

操 作 过 程	操 作	显 示
1. 由放样菜单1/2按[F3]（放样）键，进入放样数据输入模式，按[F3]键输入放样点号及坐标。如果内存有这个点号直接调用该点坐标	[F3]	放样　　　　　　1/2 F1：输入测站点 F2：输入后视点 F3：输入放样点　　P↓ 放样 点号：_____ 输入　调用　坐标　回车
2. 按[F1]键，输入点号、坐标或调用坐标，按[F4]回车	[F1] 输入点号 [F4]	镜高 输入 镜高：0.000m 输入　———　———　回车
3. 按同样方法输入反射镜高，当放样点设定后，仪器就进行放样元素的计算。 HR：放样点的水平角计算值； HD：仪器到放样点的水平距离计算值	[F1] 输入镜高 [F4]	计算 HR：122°09′30″ HD：245.777m 角度　距离　———　———
4. 按[F1]角度键，显示 HR：实际测量的水平角； dHR＝实际水平角－计算的水平角，转动照准部，当dHR＝0°00′00″时，望远镜视准轴方向即为放样点方向	[F1]	计算 HR：122°09′30″ dHR：20°40′08″ 距离　———　坐标　———
5. 观测员指挥司镜员，使棱镜中心放到望远镜视准轴方向线上，按F1（距离）键显示： HD：实测的水平距离； dHD：对准放样点尚差的水平距离； dz＝实测高差－计算高差	[F1]	HD＊[r]　　　　m dHD：　　　　m dz：　　　　m 模式　角度　坐标　继续 HD＊[r]　　　245.777m dHD：　　　－3.226m dz：　　　　－0.365m 模式　角度　坐标　继续 F1　　F2　　F3　　F4
6. 按[F1]（模式）键进行精测。注：前后移动棱镜，当显示 dHR＝0，dHD＝0，dz＝0 时，则完成放样点的测设	[F1]	HD＊[r]　　　245.777m dHD：　　　－3.226m dz：　　　　－0.365m 模式　角度　坐标　继续 F1　　F2　　F3　　F4

续表

操作过程	操作	显示
7. 按 [F3]（坐标）键，即显示坐标值		N: 12.368m E: 34.265m Z: 1.236m 模式 角度 ——— 继续 F1　F2　F3　F4
8. 按 [F4]（继续）键，即显示进入下一个放样点的测设	[F4]	放样 点号：_____ 输入　调用　坐标　回车

（6）放样完成后，用钢尺检核边长及对角线长度，记入表 2-21。

五、测量记录（包括记录与算例）

测量实验数据记录在表 2-20 和表 2-21。

表 2-20　　　　　　　　　坐 标 计 算 表

仪器：_____　　年___月___日　　观测者：_____　　记录者：_____

点号	纵坐标 X(m)	横坐标 Y(m)	备注
A	100.000	100.000	已知
B	69.543	151.695	已知
1	110.000	90.000	已知
2	110.000	120.000	已知
3			
4			

注　练习时可以用表上的假设数据进行放样。

表 2-21　　　　　　　　　　　　　水 平 距 离 检 核 表

仪器：_____　　____年____月____日　　观测者：_____　　记录者：_____

边名	检核长度（m）	设计长度（m）	长度差值（m）	备注
12				
23				
34				
41				
13				
24				

六、技术要求

(1) 正确安置仪器，放样前读记温度、气压并输入仪器进行距离改正。

(2) 温度计读数取位 0.5℃，气压计读数取至 1hPa 或 1mmHg，角度取至"秒"，距离、坐标取至 mm。

(3) 对中误差不超过 3mm，水准管气泡偏差不超过 1 格，距离检核限差不超过 ±3.0cm。

七、注意事项

(1) 安全操作仪器，正确进行初始设置。

(2) 设置后视方向或后视点坐标时要瞄准后视点。

(3) 在木桩顶面测设点位后，要再次放置棱镜进行距离测量，予以校核。

八、回答问题

(1) 放样设置和坐标测量设置有何不同？

(2) 在坐标放样时，测站点和后视方向的设置方法有哪几种？

(3) 当 dHD＞0 时，棱镜应向哪个方向移动？

实验 4 后方交会测量与面积测量

一、目的与要求
（1）掌握后方交会测量方法。
（2）懂得面积测量的方法，具有中方交会点坐标测量和多边形面积测量的能力。
（3）每人完成后方交会测量和四点多边形面积测量。

二、仪器和工具
（1）每组领借：全站仪1台套，棱镜2个，对中杆2个，雨伞1把，记录板1块。
（2）自备：已知点坐标，铅笔，计算器，草稿纸。

三、内容与计划
（1）利用全站仪后方交会测量功能，根据4个已知点进行后方交会测量一新点坐标。
（2）利用全站仪面积测量功能，测量一多边形面积。
（3）实验时间安排4学时。

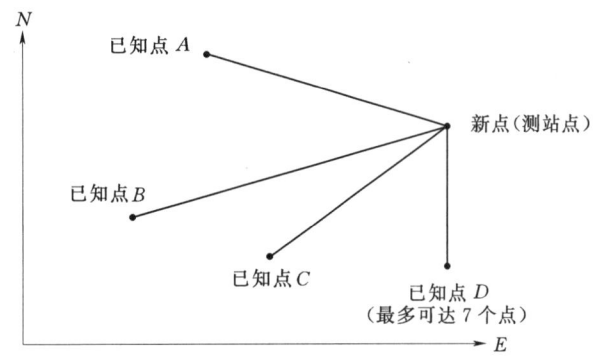

图2-6 后方交会测量

四、实验步骤（包括实验图例）
（1）利用全站仪进行后方交会测量新点坐标操作步骤，如图2-6和表2-22所示。

表2-22 后方交会测量操作步骤

操作过程	操作	显示
1. 进入放样菜单1/2 按[F4]（P↓）键，进入放样菜单2/2	[F4]	放样1/2 F1：输入测站点 F2：输入后视点 F3：输入放样点 P↓ 放样2/2 F1：选择文件 F2：新点 F3：格网因子 P↓
2. 按[F2]（新点）键	[F2]	新点 F1：极坐标法 F2：后方交会法

续表

操作过程	操作	显 示
3. 按［F2］（后方交会法）键	［F2］	新点 点号：_____ 输入　查找　跳过　回车
4. 按［F1］（输入）键，输入新点号，按［F4］（ENT）键	［F1］ 输入点号 ［F4］	仪高 输入 仪高：　　0.000　m 输入　---　---　回车
5. 按同样方法输入仪器高	F1 输入仪高 F4	N001♯ 点号：_____ 输入　调用　坐标　回车
6. 输入已知点 A 的点号	F1 输入点号 F4	镜高 输入 镜高：0.000m 输入　---　---　回车
7. 输入棱镜高	F1 输入镜高 F4	镜高 镜高：　　1.000m ＞照准？　　［角度］［距离］
8. 照准已知点 A，按 F3（角度）或 F4（距离）键。 如按下 F4（距离）键	照准 F4	HR：　　　2°09′3″ HD＊［n］　　＜m VD：　　　　　m ＞测量…
进入已知点 B 输入显示屏		N002♯ 点号：_____ 输入　调用　坐标　回车
9. 按照 6.～8. 步骤对已知点 B 进行测量，当用 F4（距离）键测量两个已知点后残差即被计算	照准 F3	选择格网因子 F1：使用上次数据 F2：计算测量数据

实验 4 后方交会测量与面积测量

续表

操作过程	操作	显示
10. 按［F1］或［F2］键,选定坐标格网因子,以便计算残差 * 5),如按［F1］	［F1］	残差 dHD= 0.120m dZ 0.003m 下步 ——— ——— 计算
11. 按［F1］(下步)键,可对其他已知点进行测量,最多可达到 7 个点	［F1］	N003＃ 点号：_____ 输入 调用 坐标 回车
12. 按 6.～8. 步骤对已知点 C 进行测量		HR：28°49′30″ HD＊［n］ ＜m VD： m 测量… 〔完成〕 HR：28°49′30″ HD： 12.451m VD： 2.244m 下步 ——— ——— 计算
13. 按［F4］(计算)键,* 6)即显示标准偏差 单位：(sec) 或(mGON) 或(mMIL)	［F4］	标准差 dHD= 0.120m dZ= 0.003m ——— ↓ ——— 坐标
14. 按［F2］(↓)键,显示坐标值标准偏差 单位：(mm) 或(inch) 按［F2］(↓) 或(↑)可交替交换显示上述标准偏差	［F2］	SD(n)＝0.120m SD(e)＝0.003m SD(z)＝0.033m ——— ↑ ——— 坐标
15. 按［F4］(坐标)键,显示新点坐标	［F4］	N： 12.322m E： 34.286m Z： 1.5772m ＞记录? ［是］［否］
16. 按［F3］(是)键 *7)新点坐标被存入坐标数据文件并将所计算的新点坐标作为测站点坐标显示新点菜单	［F3］	新点 F1：极坐标法 F2：后方交会法

(2) 利用全站仪进行面积测量操作步骤，如表 2-23 所示。

表 2-23　　　　　　　　　　　面积测量操作步骤

操 作 过 程	操 作	显 示
1. 按［MENU］键，再按［F4］（P↓）显示主菜单 2/3	［MENU］ ［F4］	菜单 2/3 F1：程序 F2：格网因子 F3：照明　　P1↓
2. 按［F1］键，进入程序	［F1］	程序 1/2 F1：悬高测量 F2：对边测量 F3：Z 坐标　　P1↓
3. 按［F4］（P1↓）键	［F4］	程序 2/2 F1：面积 F2：点到线测量 　　　　　　　P1↓
4. 按［F1］（面积）键	［F1］	面积 F1：文件数据 F2：测量
5. 按［F2］（测量）键	［F2］	面积 F1：使用格网因子 F2：不使用格网因子
6. 按［F1］或［F2］键，选择是否使用坐标格网因子。如选择［F2］不使用格网因子	［F2］	面积　　　　0000 　　　　　　m.sq 测量 ---　单位 ---
7. 照准棱镜，按［F1］（测量）键，进行测量	照准 P ［F1］	N*［n］　　　<<m E：　　　　　　m Z：　　　　　　m >测量……
8. 照准下一个点，按［F1］（测量）键，测 3 个点以后显示出面积	照准 ［F1］	面积　　　　0003 　　　　11.144m.sq 测量 ---　单位 ---

实验 4 后方交会测量与面积测量

五、测量记录（包括记录与算例）

学生测量实验数据填入表 2-24 和表 2-25 中。

表 2-24 后方交会测量记录表

仪器：_____ ___年___月___日 观测者：_____ 记录者：_____

点　号	X 坐标	Y 坐标	备　注	测量示意图
			已知	
			已知	
			已知	
			已知	
			新点	

表 2-25　　　　　　　　　　　面 积 测 量 记 录 表

仪器：_____　　　___年___月___日　　观测者：_____　　　　记录者：_____

点　号	X 坐标	Y 坐标	面积（m²）	测量示意图

六、技术要求

（1）后方交会测量中要求由 4 个已知点交会一个新点坐标，每人测量一次。

（2）面积测量中，要求测量一个四边形面积，同时记录 4 个点的坐标。

(3) 面积单位为 m^2，保留 2 位小数。

七、注意事项

(1) 角度交会和距离交会不能交叉使用。当使用角度进行测量时，已知点的方向应为顺时针或逆时针，并且相邻两点的夹角不能超过 180°。

(2) 图形边界线不能相互交叉，面积计算所用的点数是没有限制的，但所计算的面积不能超过 $200000m^2$。

八、回答问题

(1) 后方交会测量中有哪两种交会模式？两种模式能否交叉使用？

(2) 后方交会测量中如何进行已知点设置？

(3) 面积测量中，显示面积单位如何变换？

实验 5　对边测量与悬高测量

一、目的与要求
(1) 能够利用对边测量功能，测量地面点之间的水平距离、斜距。
(2) 能够利用悬高测量功能，测量某一高处点的高程。

二、仪器和工具
(1) 每组领借：全站仪 1 台套，棱镜 4 个，对中杆 4 个，雨伞 1 把，记录板 1 块。
(2) 自备：铅笔，计算器，草稿纸。

三、内容与计划
(1) 利用对边测量功能，测量地面点 A—B、A—C、A—D 之间的水平距离、斜距。
(2) 利用悬高测量功能，测量某一高处点的高程。
(3) 实验计划时间 4 学时。

四、实验步骤（包括实验图例）
对边测量操作步骤如图 2-7 和表 2-26 所示。

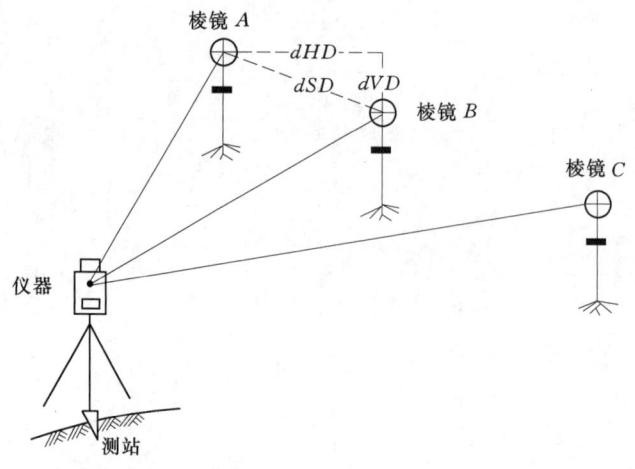

图 2-7　对边测量

表 2-26　　　　　　　　　　对边测量操作步骤

操作过程	操作	显示
1. 按 [MENU] 键，再按 [F4] (P↓)，进入第 2 页菜单	[MENU] [F4]	菜单　　　　　　2/3 F1：程序 F2：格网因子 F3：照明　　　　P1↓

实验5 对边测量与悬高测量

续表

操作过程	操作	显　　示
2. 按［F1］键，进入程序	［F1］	菜单1/2 F1：悬高测量 F2：对边测量 F3：Z坐标　　　　P1↓
3. 按［F2］（对边测量）键	［F2］	对边测量 F1：使用文件 F2：不使用文件
4. 按［F1］或［F2］键，选择是否使用坐标文件 ［例：F2：不使用坐标文件］	［F2］	格网因子 F1：使用格网因子 F2：不使用格网因子
5. 按［F1］或［F2］键，选择是否使用坐标格网因子。F1：辐射模式；F2：连续模式	［F2］	对边测量 F1：MLM-1（A-B，A-C） F2：MLM-2（A-B，B-C）
6. 按［F1］键	［F1］	MLM-1（A-B，A-C） 〈第一步〉 HD：　　　　m 测量　镜高　坐标　设置
7. 照准棱镜A，按［F1］（测量）键显示仪器至棱镜A之间的平距（HD）	照准A ［F1］	MLM-1（A-B，A-C） 〈第一步〉 HD＊　　　287.882m 测量　镜高　坐标　设置
8. 测量完毕，棱镜的位置被确定	［F4］	MLM-1（A-B，A-C） 〈第二步〉 HD：　　　　m 测量　镜高　坐标　设置
9. 照准棱镜B，按F1（测量）键显示仪器到棱镜B的平距（HD）	照准B ［F1］	MLM-1（A-B，A-C） 〈第二步〉 HD＊　　　223.846m 测量　镜高　坐标　设置
10. 测量完毕，显示棱镜A与B之间的平距（dHD）和高差（dVD）	［F4］	MLM-1（A-B，A-C） dHD：　　　21.416m dVD：　　　 1.256m ———　———　平距　———

续表

操作过程	操作	显示
11. 按键 ◢，可显示斜距（dSD）	◢	MLM-1（A-B, A-C） dSD: 263.376m HR: 10°09′30″ ——— ——— 平距 ———
12. 测量 A—C 之间的距离，按［F3］（平距）	［F3］	MLM-1（A-B, A-C） 〈第二步〉 HD: m 测量 镜高 坐标 设置
13. 照准棱镜 C，按［F1］（测量）键显示仪器到棱镜 C 的平距（HD）	照准棱镜 C ［F1］	MLM-1（A-B, A-C） 〈第二步〉 HD: ＜＜m 测量 镜高 坐标 设置
14. 测量完毕，显示棱镜 A 与 C 之间的平距（dHD），高差（dVD）	［F4］	MLM-1（A-B, A-C） dHD: 3.846m dVD: 12.256m ——— ——— 平距 ———
15. 测量 A—D 之间的距离，重复操作步骤 12～14		

为了得到不能放置棱镜的目标点高度，只须将棱镜架设于目标点所在铅垂线上的任一点，然后进行悬高测量。

悬高测量操作步骤见图 2-8 和表 2-27。

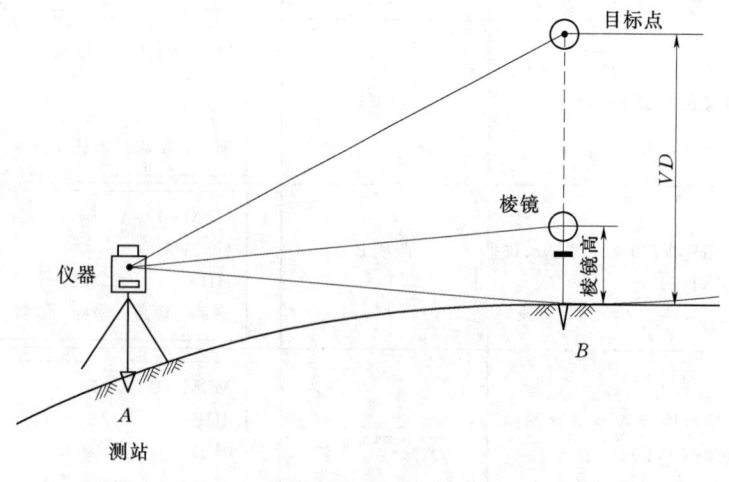

图 2-8 悬高测量

实验 5 对边测量与悬高测量

表 2-27　　　　　　　　　　悬 高 测 量 操 作 步 骤

操 作 过 程	操 作	显 示
1. 按［MENU］键，再按［F4］（P↓）键，进入第 2 页菜单	［MENU］ ［F4］	菜单 2/3 F1：程序 F2：格网因子 F3：照明 P1↓
2. 按［F1］键，进入程序	［F1］	程序 1/2 F1：悬高测量 F2：对边测量 F3：Z 坐标
3. 按［F1］（悬高测量）键	［F1］	悬高测量 F1：输入镜高 F2：无需镜高
4. 按［F1］键	［F1］	悬高测量-1 〈第一步〉 镜高：　　　　0.000m 输入　———　———　回车
5. 输入棱镜高	［F1］ 输入棱镜高 1.3 ［F4］	悬高测量-1 〈第二步〉 HD：　　　　m 测量　———　———　设置
6. 照准棱镜，按 F1（测量）键测量开始，显示仪器至棱镜之间的水平距离（HD）	照准 P ［F1］	悬高测量-1 〈第二步〉 HD *　　123.342m 测量　　　　　设置
7. 测量完毕，棱镜的位置被确定	［F4］	悬高测量-1 VD：　　　3.435m ———　镜高　平距　———
8. 照准目标 K 显示垂直距离（VD）照准 K	照准 K	悬高测量-1 VD：　　　24.287m ———　镜高　平距　———

五、测量记录（包括记录与算例）

（1）对边测量记录于表 2-28 中。

表 2-28　　　　　　　　　　　对 边 测 量 记 录 表

仪器：＿＿＿＿＿＿　＿＿＿年＿＿＿月＿＿＿日　　观测者：＿＿＿＿＿＿　　记录者：＿＿＿＿＿＿

边名	平距 HD(m)	斜距 SD(m)	高差 VD(m)	测量示意图

（2）悬高测量记录于表 2-29 中。

表 2-29　　　　　　　　　悬 高 测 量 记 录 表

仪器：_____　____年___月___日　观测者：_____　　记录者：_____

测站点	棱镜点及镜高 HT(m)	悬高点（中丝所切位置）	悬高 VD（或 Vh）(m)	测量示意图

六、技术要求

（1）对边测量中，每人对 ABCD 四个点利用 MLM-1（A—B，A—C）和 MLM-2（A—B，B—C）两种模式各测量一次，两次测量结果差值不超过 5mm。

（2）悬高测量中，每人对同一点进行测量 2 次，两次结果差值不超过 5mm。

七、注意事项

（1）在进行对边测量时必须设置方向角。

（2）在测量时应精确瞄准棱镜同一位置。

（3）悬高测量中，应将棱镜架设于目标点所在铅垂线上。

八、回答问题

（1）在进行对边测量时为什么要设置方向角？

（2）在进行对边测量中如何显示两点间的斜距？

（3）悬高测量中，如何才能将棱镜架设于目标点所在铅垂线上？

第三部分 测 量 实 训

实训1 地 形 测 量

一、目的与要求
(1) 掌握经纬仪、水准仪、全站仪的使用。
(2) 掌握导线测量的外业施测过程与方法、内业数据处理过程与方法。
(3) 掌握水准测量的外业施测及内业数据处理的过程、方法。
(4) 掌握三角高程测量的外业施测及内业数据处理的过程、方法。
(5) 掌握经纬仪配合量角器测图的外业测量方法。
(6) 熟悉大比例尺测图的工作内容及作业过程。
(7) 掌握地物、地貌的合理表示与取舍原则。
(8) 具有水准测量、导线测量和大比例尺地形图测绘的能力。

二、内容与时间安排
内容与时间安排见表3-1。

表3-1 时间安排（3周）

序号	内 容	时间（d）
1	实训动员、领取仪器、仪器检校、准备	1
2	控制测量（图根导线、水准测量和三角高程测量）	5
3	计算、绘制方格网、展绘控制点	2
4	地形图测绘	5
5	考试测验	1
6	整理资料上交，总结，归还仪器	1
合计		15

三、使用的仪器和工具（每组）
(1) 水准仪1套，包括：水准尺1副、尺垫1对、水准仪1台、水准仪脚架1个。
(2) J_6 经纬仪1套，包括：经纬仪1台、三脚架1个。
(3) 全站仪：每班2套，包括：主机1台、脚架3个、棱镜2个、对中杆1个、充电器、使用说明书。
(4) 地形图图式：每组一本《1∶500，1∶1000，1∶2000地形图图式》（GB/T 7929）。
(5) 《工程测量规范》：GB 50026—93 1本。
(6) 聚酯薄膜若干张（带网格）。

(7) 裱糊图板用纸、胶水、夹子。

(8) 厘米方格纸若干张。

(9) 木桩、花杆（竹杆）。

(10) 水泥桩（15×15 左右）。

(11) 铁钉、细铁丝。

(12) 红蓝铅笔、2H 铅笔、4H 铅笔、单面刀片、铁锤（或砍刀）。

(13) 经纬仪导线测量、四等水准测量及等外等水准测量、全站仪测量手簿。

(14) 雨伞、计算器等。

四、平面控制测量技术要求

(1) 图根平面控制点的布设可采用电磁波测距仪导线或交会点等办法。在难以布设闭合导线的狭长地区，可布设成附合导线或支导线。

(2) 图根导线测量的主要技术要求见表 3-2。

表 3-2　　　　　　　图根导线测量的主要技术要求

导线长度 (m)	相对闭合差	边长 m	测角中误差 ″	DJ$_6$ 测回数	方位角闭合差 ″
≤1.0M	≤1/2000	≤1.5 测图最大视距	20	2	$60\sqrt{n}$

注　1. 隐蔽或施测困难地区导线相对闭合差可放宽，但不应大于 $\frac{1}{1000}$。

　　2. n 为导线折角数。

　　3. M 为测图比例尺分母。

(3) 图根解析补点，可采用有校核条件的测边交会和测角交会。当采用测边交会和测角交会时，其交会角应在 30°～150°之间，施测技术要求应与图根导线一致。分组计算的坐标较差，不应大于图上 0.2mm。

(4) 导线的边长，宜采用全站仪单向施测一个测回，也可使用经检定的普通钢尺往返丈量，其相对精度：一般地区不应大于 1/2000，在山区不应大于 1/1000。

五、高程控制测量技术要求

在平原地区测量宜采用水准测量的方法建立高程控制网；在山区和丘陵地区宜采用水准测量或图根三角高程共同组成高程控制网。

根据测量实训任务和水准测量规范的要求，结合测区实际情况在地形图上拟定出合理的高程控制网布设方案。高程路线尽可能采用附合路线和闭合路线，尽量不使用支线水准。

1. 选点和埋石

水准点的位置应能保证埋设标石的稳定、安全和长期保存，并便于观测。水准点可直接采用图根导线点，也可另行埋设水准点标石。埋石按规范要求的规格进行水准标石的制作和埋设。

2. 水准仪和水准尺检校

按《国家三、四等水准测量规范》要求的检校项目和方法，在测前、测后对水准仪和水准标尺进行检校。水准测量限差要求见表 3-3。

实训1 地形测量

表 3-3　　　　　　　　　　　水准测量限差要求

等级	使用仪器	高差闭合差限差（mm）		视线长度（m）	视线高度（m）	前后视距离差（m）	前后距离累积差（m）	红黑面读数差（mm）	红黑面所测高差之差（mm）
		平地	山地						
四等	DS_3	$\pm 20\sqrt{L}$	$\pm 6\sqrt{n}$	80	0.2	3	10	3	5
五等	DS_3	$\pm 20\sqrt{L}$	$\pm 6\sqrt{n}$	—	—	—	—	4	6

当成像清晰时，视线长度可放宽到 1.2 倍。

3. 四等水准测量

（1）四等水准使用 S_3 型水准仪和木制双面水准尺进行往返观测。每站的观测程序都是："后前前后"，或"后后前前"。

（2）每测段的往测和返测的测站数应为偶数，由往测转向返测时，两根水准尺应互换位置，并应重新整置仪器。

（3）因测站观测超限时，在本站观测时发现，应立即重测；迁站后发现，则应从水准点或间歇点开始重测。

（4）野外测量时转点处应采用尺垫，水准尺立在尺垫上。

4. 图根三角高程测量

三角高程测量是建立高程控制网的方法之一。在实际作业中，可以把测水平角、垂直角和测距同时进行，一次性完成平面和高程控制。

（1）测高程起算点。用四等水准测量的方法从等级水准点向若干个三角点引测水准高程，这些高程点作为三角高程的起算点。

（2）垂直角观测。垂直角观测方法有中丝法和三丝法两种。用中丝法应观测 2 测回，用三丝法应观测 1 测回。观测技术要求见表 3-4。

表 3-4　　　　　垂直角观测技术要求及规定（对应一、二、三级导线）

观测方法	测回数	垂直角测回差	指标差较差	观测方法	测回数	垂直角测回差	指标差较差
中丝法（DJ_6）	2	25″	25″	三丝法（DJ_6）	1	25″	25″

（3）仪器高和觇标高的测定。仪器高和觇标高可以直接用钢尺量至 5mm，量测两次，取中数记入手簿中。

（4）高差计算。

1）检查外业观测资料；绘制计算略图；抄录手簿数据。

2）分别计算往、返测高差、环线或附合线路闭合差、各边高差中数。

3）平差计算（简易平差）。图根三角高程测量技术要求见表 3-5。

表 3-5　　　　　　　图根三角高程测量技术要求

电磁波测距三角高程附和或环形闭合差	经纬仪三角高程		
	附和或环形闭合差（m）	对向观测高差较差（mm）	边长（km）
$\pm 40\sqrt{\Sigma D}$ mm	$0.1Hd\sqrt{n}$	$\leqslant 400D$	$\leqslant 0.5$

注　1. Hd 为等高距，m。
　　2. D 为边长，km。
　　3. 边长超过 400m 时，应考虑地球弯曲差的影响。

表 3-6 图根控制计算取值精确度的要求

观测方向或垂直角值(″)	方位角(″)	边长及坐标(m)	高程(m)
6	6	0.001	0.001

图根控制点的坐标和高程内业计算中取值精确度要求，应符合表 3-6 的规定。

六、地形图测绘技术要求

(一) 地形测绘的一般要求

(1) 测图方法主要采用经纬仪测绘法。

(2) 地形图图幅采用 50cm×50cm，图的编号采用图幅西南角坐标值来编号。

(3) 基本等高距可以根据实地地形和规范的要求来确定。

(4) 测碎部点时，仪器对中的偏差，不应大于图上 0.05mm。

(5) 测点时，水平角、垂直角度的读数，应精确至 1′。

(6) 每站测图前应检查另一侧站点的坐标和高程，坐标较差不应大于图上 0.6mm；高程较差不应大于 1/5 等高距；在测站上每测定一定数量的地形点之后，应重新瞄准零方向检查方向，其归零差不大于 4′。

(7) 视距最长长度，对主要地物不大于 60m，次要地物及地貌点不大于 100m。

(8) 地形点高程算至厘米，在图上注记至分米。

(9) 当图根点密度不能满足测图需要时，可增补少量图解交会点或视距支点。图解补点应符合下列要求：

1) 图解交会点必须选多余方向作校核，交会误差三角形内切圆直径应小于 0.5mm，相邻两线交角应在 30°~150°之间。

2) 视距支点边长不宜大于相应比例尺地形点最大视距长度的 2/3（即 70m 以内），距离应采用往返视距测定，其较差不应大于边长的 1/150。

3) 当确定图解交会点、视距支点的高程时，其垂直角应采用一测回测定，由两个方向或往返测的高程较差，在平地不应大于等高距的 1/5，在山地不应大于等高距的 1/3。

每一幅图各边应至少测出图廓线 5 毫米，相邻图幅测完后，应及时接边，接边误差对主要地物，最大不得超过图上 $2\sqrt{2}$mm，即 $2\sqrt{2}$×（±0.6）=±1.7mm；对次要地物不得超过 $2\sqrt{2}$×（±0.8）=±2.3mm；等高线不得超过：平地 0.5m，丘陵地 0.7m，山地 0.9m，高山地 1.4m，困难、隐蔽地区，可按上述规定放宽 50%，小于规定值时，可平均配赋；超过规定值时，应进行实地检查和修改。

地形图应经过内业检查、实地的全面对照及实测检查，实测检查量不应少于测图工作量的 10%。

(二) 地形图测绘

1. 地形图分幅及展点

地形图分幅采用矩形分幅方式，图面大小为 50cm×50cm，展点时首先要确定控制点所在的方格，按照比例尺进行缩小，用圆规尖脚刺在聚酯薄膜上，依次刺好所要的控制点后，再检查各相邻点之间的距离，和已知的边长进行比较，最大误差不得大于图上 0.3mm。

2. 测站点的设置

(1) 测站点应尽量采用图根控制点，特别困难地区可以在测图过程中根据需要，采用图解导线、图解前方交会等方法增设测站点。

(2) 仪器对中误差不得超过图上 0.05mm，以较远的一点定向时用其他的点进行检核，检核的偏差不得大于图上 0.3mm，采用经纬仪测绘时，其角度检测值与原角度值之差不应大于 $2'$。

（3）每站测图过程中，应随时检查定向点方向，采用平板仪测图时，偏差不应大于图上 0.3mm，采用经纬仪测绘时，归零差不应大于 $4'$。

（4）检查另一测站点高程时，其较差不应大于 1/5 基本等高距。

3. 碎部点测量

（1）施测碎部点可采用极坐标法，支距法或方向交会法等方法，在街坊内部设站困难时，也可采用几何作图等综合方法进行。

地物点、地形点视距和测距最大长度应符合表 3-7 的规定。

表 3-7　　　　地物点、地形点视距和测距的最大长度

比例尺	视距最大长度（m）		测距最大长度（m）	比例尺	视距最大长度（m）		测距最大长度（m）
	地物点	地形点			地物点	地形点	
1:500	60	100	300	1:1000	100	150	450

（2）高程注记点的分布应符合下列规定：

基本等高距为 0.5m，高程注记应注至 0.01m；基本等高距大于 0.5m 时可注至 0.1m，字朝北向。

地形图上高程注记应分布均匀，丘陵地区高程注记点间距见表 3-8。

表 3-8　丘陵地区高程注记点间距

比例尺	1:500	1:1000
高程注记点间距	15m	30m

注　平坦地区可放宽至 1.5 倍。地貌变化大的区域应适当加密。

（3）用计算器计算水平距离和碎部点高程。公式如下：

测站点至立尺点水平距离：$D = KL\cos^2\alpha$

测站点至立尺点高差：$h = D\tan\alpha + i - v$

立尺点高程：$H = H_0 + h$

式中：L 为两视距丝间尺读数差；K 为视距乘常数，通常为 100；H_0 为测站点高程；i 为仪器高，$H_0 + i$ 即为视线高；v 为中丝读得的切尺数；α 为竖直角。

（4）在测绘地物、地貌时，应遵守"看不清不绘"的原则。地形图上的线划、符号和注记应在现场完成。

4. 地形测量测绘内容及取舍原则

地形图应表示测量控制点、居民地和垣栅、工矿建筑物及其他设施、交通及附属设施、管线及附属设施、水系及附属设施、境界、地貌和土质、植被等各项地物、地貌要素，以及地理名称注记等。并着重显示与测图用途有关的各项要素。地物、地貌的各项要素的表示方法和取舍原则，除应按现行国家标准地形图图式执行外，还应符合如下有关规定。

（1）测量控制点测绘。测量控制点是测绘地形图和工程测量施工放样的主要依据，在图上应精确表示。各等级平面控制点、导线点、图根点、水准点，应以展点或测点位置为符号的几何中心位置，按图式规定符号表示。

（2）居民地和垣栅的测绘。

1）居民地的各类建筑物、构筑物及主要附属设施应准确测绘实地外围轮廓和如实反

映建筑结构特征。

2）房屋的轮廓应以墙基外角为准,并按建筑材料和性质分类,注记层数。1∶500,临时性房屋可舍去。

3）建筑物和围墙轮廓凸凹在图上小于0.4mm,简单房屋小于0.6mm时,可用直线连接。

4）1∶500比例尺测图,房屋内部天井宜区分表示。

5）测绘垣栅应类别清楚,取舍得当。城墙按城基轮廓依比例尺表示;围墙、栅栏、栏杆等可根据其永久性、规整性、重要性等综合考虑取舍。

6）台阶和室外楼梯长度大于图上3mm,宽度大于图上1mm的应在图中表示。

7）永久性门墩、支柱大于图上1mm的依比例实测,小于图上1mm的测量其中心位置,用符号表示。重要的墩柱无法测量中心位置时,要量取并记录偏心距和偏离方向。

8）建筑物上突出的悬空部分应测量最外范围的投影位置,主要的支柱也要实测。

(3) 交通及附属设施测绘。

1）交通及附属设施的测绘,图上应准确反映陆地道路的类别和等级,附属设施的结构和关系;正确处理道路的相交关系及与其他要素的关系;正确表示水运和海运的航行标志,河流和通航情况及各级道路的通过关系。

2）公路与其他双线道路在图上均应按实宽依比例尺表示。公路应在图上每隔15～20mm注出公路技术等级代码,国道应注出国道路线编号。公路、街道按其铺面材料分为水泥、沥青、砾石、条石或石板、硬砖、碎石和土路等,应分别以混凝土、沥、砾、石、砖、渣、土等注记于图中路面上,铺面材料改变处应用点线分开。

3）路堤、路堑应按实地宽度绘出边界,并应在其坡顶、坡脚适当测注高程。

4）道路通过居民地不宜中断,应按真实位置绘出。高速公路应绘出两侧围建的栅栏(或墙)和出入口,注明公路名称。中央分隔带视用图需要表示。市区街道应将车行道、过街天桥、过街地道的出入口、分隔带、环岛、街心花园、人行道与绿化带绘出。

5）桥梁应实测桥头、桥身和桥墩位置,加注建筑结构。

6）大车路、乡村路、内部道路按比例实测,宽度小于图上1mm时只测路中线,以小路符号表示。

(4) 管线测绘。

1）永久性的电力线、电信线均应准确表示,电杆、铁塔位置应实测。当多种线路在同一杆架上时,只表示主要的。城市建筑区内电力线、电信线可不连线,但应在杆架处绘出线路方向。各种线路应做到线类分明,走向连贯。

2）架空的、地面上的、有管堤的管道均应实测,分别用相应符号表示。并注明传输物质的名称。当架空管道直线部分的支架密集时,可适当取舍。地下管线检修井宜测绘表示。

3）污水篦子、消防栓、阀门、水龙头、电线箱、电话亭、路灯、检修井均应实测中心位置,以符号表示,必要时标注用途。

(5) 水系测绘。

1）江、河、湖、水库、池塘、泉、井等及其他水利设施,均应准确测绘表示,有名称的加注名称。根据需要可测注水深,也可用等深线或水下等高线表示。

2）河流、溪流、湖泊、水库等水涯线,按测图时的水位测定,当水涯线与陡坎线在图上投影距离小于1mm时以陡坎线符号表示。河流在图上宽度小于0.5mm、沟渠在图上宽度小于1mm（1∶2000在形图上小于0.5mm）的用单线表示。

3）水位高及施测日期视需要测注。水渠应测注渠顶边和渠底高程；时令河应测注河床高程；堤、坝应测注顶部和坡脚高程；池塘应测注塘顶边及塘底高程；泉、井应测注泉的出水口与井台高程，并根据需要注记井台至水面的深度。

(6) 地貌和土质的测绘。

1）地貌和土质的测绘，图上应正确表示其形态、类别和分布特征。

2）自然形态的地貌宜用等高线表示，崩塌残蚀地貌、坡、坎和其他特殊地貌应用相应符号或用等高线配合符号表示。

3）各种天然形成和人工修筑的坡、坎，其坡度在70°以上时表示为陡坎，70°以下时表示为斜坡。斜坡在图上投影宽度小于2mm，以陡坎符号表示。当坡、坎比高小于1/2基本等高距或在图上长度小于5mm时，可不表示，坡、坎密集时，可以适当取舍。

4）梯田坎坡顶及坡脚宽度在图上大于2mm时，应实测坡脚。当1∶2000比例尺测图梯田坎过密，两坎间距在图上小于5mm时，可适当取舍。梯田坎比较缓且范围较大时，可用等高线表示。

5）坡度在70°以下的石山和天然斜坡，可用等高线或用等高线配合符号表示。独立石、土堆、坑穴、陡坡、斜坡、梯田坎、露岩地等应在上下方分别测注高程或测注上（或下）方高程及量注比高。

6）各种土质按图式规定的相应符号表示，大面积沙地应用等高线加注记表示。

(7) 植被的测绘。

1）地形图上应正确反映出植被的类别特征和范围分布。对耕地、园地应实测范围，配置相应的符号表示。大面积分布的植被在能表达清楚的情况下，可采用注记说明。同一地段生长有多种植物时，可按经济价值和数量适当取舍，符号配制不得超过三种（连同土质符号）。

2）旱地包括种植小麦、杂粮、棉花、烟草、大豆、花生和油菜等的田地，经济作物、油料作物应加注品种名称。有节水灌溉设备的旱地应加注"喷灌"、"滴灌"等。一年分几季种植不同作物的耕地，应以夏季主要作物为准配置符号表示。

3）田埂宽度在图上大于1mm的应用双线表示，小于1mm的用单线表示。田块内应测注有代表性的高程。

(8) 注记。

1）要求对各种名称、说明注记和数字注记准确注出。图上所有居民地、道路、街巷、山岭、沟谷、河流等自然地理名称，以及主要单位等名称，均应调查核实，有法定名称的应以法定名称为准，并应正确注记。

2）地形图上高程注记点应分布均匀，丘陵地区高程注记点间距为图上2~3cm。

3）山顶、鞍部、山脊、山脚、谷底、谷口、沟底、沟口、凹地、台地、河川湖池岸旁、水涯线上以及其他地面倾斜变换处，均应测高程注记点。

4）基本等高距为0.5m时，高程注记点应注至0.01m；基本等高距大于0.5m时可注至0.1m。

(9) 地形要素的配合。

1）当两个地物中心重合或接近，难以同时准确表示时，可将较重要的地物准确表示，次要地物移位 0.3mm 或缩小 1/3 表示。

2）独立性地物与房屋、道路、水系等其他地物重合时，可中断其他地物符号，间隔 0.3mm，将独立性地物完整绘出。

3）房屋或围墙等高出地面的建筑物，直接建筑在陡坎或斜坡上且建筑物边线与陡坎上沿线重合的，可用建筑物边线代替坡坎上沿线；当坎坡上沿线距建筑物边线很近时，可移位间隔 0.3mm 表示。

4）悬空建筑在水上的房屋与水涯线重合，可间断水涯线，房屋照常绘出。

5）水涯线与陡坎重合，可用陡坎边线代替水涯线；水涯线与斜坡脚线重合，仍应在坡脚将水涯线绘出。

6）双线道路与房屋、围墙等高出地面的建筑物边线重合时，可以建筑物边线代替路边线。道路边线与建筑物的接头处应间隔 0.3mm。

7）地类界与地面上有实物的线状符号重合，可省略不绘；与地面无实物的线状符号（如架空管线、等高线等）重合时，可将地类界移位 0.3mm 绘出。

等高线遇到房屋及其他建筑物、双线道路、路堤、路堑、坑穴、陡坎、斜坡、湖泊、双线河以及注记等均应中断。

七、作业与要求

（一）建立组织

实训以班为单位组织，每班分成若干个小组，每组 4～6 人。每组指定一名组长，负责本组的工作。

（二）具体任务

（1）各班协调班级各组完成本测区的平面和高程控制；

（2）每人完成在组内分配的本测区的平面和高程控制成果计算；

（3）每个作业小组按《工程测量规范》要求测 1∶500（或 1∶1000）地形图一幅。

（三）小组和个人应提交的成果

1．平面控制部分

a. 观测手簿（小组）　　　b. 计算资料（个人）　　　c. 成果表（个人）

2．高程控制部分

a. 水准路线图（小组）　　b. 观测手簿（小组）　　　c. 计算资料（个人）

d. 成果表（个人）

3．地形测图部分（小组）

a. 碎部测量手簿　　　　　b. 铅笔清绘原图　　　　　c. 精度统计表

4．实训报告（个人）

八、实训报告编写与要求

实训结束后，每个学生必须撰写一份实训报告。分班分组上交给指导老师，实训报告格式和内容如下（参考）：

（1）封面：实训地点和名称、起止日期、班级、组号、姓名学号、指导教师。

（2）前言：简述本次实训的目的、任务及要求。

(3) 实训内容：实训项目、测区概述、作业方法、技术要求、相关示意图（导线略图、交会图等）、实训成果及评价。

(4) 实训总结：实训外业结束后根据实训日记和结合自己实际完成的任务编写一篇全文字数要求不得少于2000字左右的实训总结。主要介绍实训中遇到的技术问题、处理方法、创新之处以及自己的独特见解，对实训的建议和意见，本组和本人在实训中主要做了哪些相应的工作及在实训中的心得、体会、教训及收获。

九、注意事项

(1) 实训中，学生应遵守仪器的正确使用和管理的有关规定。不得违反仪器的操作步骤或对仪器故意破坏。

(2) 实训期间，各实训小组组长应认真负责、合理安排小组工作，应使小组中各成员的各个工种都能参与进行，使每个组员都有机会练习。不得为单纯追求进度。

(3) 实训中，各实训小组间应该加强团结，组内成员应相互理解和尊重，团结协作，共同完成实训任务。不得有违纪现象发生，不得无故不完成分配的任务。

(4) 实训期间要注意人员和仪器的安全，各组要指定专人看管各台套仪器和工具，尤其是对于电子仪器设备应有相应的保护措施，如防止太阳照射，雨水淋湿等。每天实训完成回来之前应对所带出的仪器进行清点，有问题应向指导教师如实汇报。

(5) 观测期间应将仪器安置好，由于不正确的操作使得仪器有任何损坏，则由组内成员共同负责赔偿，注意行人和车辆对仪器的影响。出现问题应向指导教师汇报，不得私自拆卸仪器。

(6) 所有的观测数据必须直接记录在规定的手簿中，不得将野外观测数据转抄，严禁涂改、擦拭和伪造数据，在完成一项测量工作之后，必须现场完成相应的计算和整理数据工作，妥善保管好原始的记录手簿和计算成果。

(7) 个人每天要求记录实训笔记，测量要求必须满足《规范》要求，按实训计划完成各组实训任务。

十、回答问题

(1) 测图前应做哪些准备工作？

(2) 怎样展绘控制点？

(3) 测定碎部点平面位置有哪些方法？

(4) 试述经纬仪测图的作业步骤。

(5) 根据表3-9记录的观测数据，计算测站与被测点之间水平距离和被测点高程。

表3-9　　　　　　　　　　观 测 数 据

测站：A　　　　后视：B　　　　$i=1.43m$　　　　测站点高程 $H_0=126.73m$　　　　$\alpha=90°-L$

点号	尺间隔 (m)	中丝读数 (m)	竖盘读数 (° ′)	竖直角	平距 (m)	高差 (m)	高程 (m)	水平角 (° ′)
1	0.882	1.41	86　30					60　23
2	0.913	1.52	88　19					78　19
3	0.836	2.02	93　16					265　04

实训 2 渠道（线路）测量

一、目的与要求

本实训内容的教学目的是，使学生掌握渠道测量的基本方法和步骤。要求学生具有能够组织、实施中、小型渠道测量工作的能力。

二、仪器与工具

DS_3 水准仪 1 台及水准标尺 1 副；50m 皮尺 1 盘；花杆 3~4 根；测钎 1 束；斧头 1 把；木桩若干；红油漆、毛笔等；计算器；纵、横断面测量记录及铅笔。

三、实训内容与时间安排

在老师的指导下，从选定的渠首点开始，选取 1~2km 的渠道长度，完成渠道的中线定线测量工作；纵、横断面测量；纵横断面图的绘制；土方量的计算。

工作任务和完成时间，由指导教师根据实际情况统一安排。

四、外业工作与要求

渠道测量的外业工作包括：渠道的中线定线测量和纵、横断面测量。

（一）渠道的中线测量

渠道中线测量是在地形图选线的基础上，通过渠道中线的定线测量工作，在地面上标定出渠道的中心线的起点、转折点以及终点的位置，测出渠道中线的长度和转折角度值，并在渠线转折处设置圆曲线。

当渠道较长时，中线测量前，应先在渠道沿线布测四等水准路线，每隔 1~2km 设置一个水准点，作为中线测量和纵、横断面测量的高程控制点。

1. 平原地区的中线测量

首先用木桩标定渠道起点位置，在桩侧面上用红漆标注里程桩号 0+000（"+"号前为整 km 数，"+"后为米数），此后沿着初选线路，用皮尺量距，每 50（或 100）m 的标准间隔设置一个里程桩，并标注桩号。如果在标准间隔内遇有重要地物或地形明显变化，应增设加桩，并标注桩号。当遇到转折点时，应用经纬仪测定转折角。

2. 丘陵或山地的中线测量

首先应按照渠道的设计坡降，计算出每个里程桩的渠岸地面高程备用。以水准仪作为先导，从渠首开始，一边测高程，一边定中线。

现以 0+000 和 0+100 桩号为例，说明中线测量的步骤：

设渠首进水口底板高程为 104.350m，设计渠深为 1.500m，设计坡降为 -0.1%；考虑到地面的横坡以及填、挖方量的平衡，取渠道中心的挖深为 1.200m。

(1) 0+000 桩号的测定。

应首先计算 0+000 桩号的原地面高程：

$$H_{0+000} = H_{进} + 1.200m = 104.350m + 1.200m = 105.550m$$

在适当位置安置水准仪,在渠首的起始水准点(设高程为 104.418m)立水准标尺,设后视读数为 $a=2.086$m,可计算得 0+000 桩号地面点的前视读数应为:
$$b=104.418\text{m}+2.082\text{m}-105.550\text{m}=0.954\text{m}$$

沿着山坡的高低方向移动前尺,直至前视读数恰好为 0.954m 时,即可在地面打入木桩,标注桩号 0+000,测定桩顶高程(或量取桩高)并记录。

(2) 0+100 桩号的测定。

用皮尺沿山坡等高线向前量取 100m 平距,根据事先计算好的 0+100 桩号的地面高程
$$H_{0+100\text{地面}}=H_{0+000\text{地面}}+i\times 100\text{m}=105.550\text{m}-0.1\%\times 100\text{m}=105.450\text{m}$$

在适当位置安置水准仪,以起始水准点(或 0+000 号桩)为后视,读取后视读数 $a=1.347$m 后,计算前视尺应读数为 $b=104.418+1.347-105.450=0.315$m。

沿着山坡的高低方向移动前尺,直至前视读数恰好为 0.315m 时,即可在地面打入木桩,标注桩号 0+100,测定桩顶高程和地面高程(或量取桩高)并记录。

至此,0+000 和 0+100 号桩,测定完毕。同法,依次测定 0+200、0+300、……遇到地形突变或重要地物时,应增设加桩。

渠道较长时,应在四等水准点间组成附合水准路线,以资检核。

(二) 渠道的纵断面测量

1. 平原渠道中线的纵断面测量

在渠道中线测定完毕后,以水准测量的方式,根据渠道沿线的四等水准点,分段组成附合水准路线,逐段测定每一个中线桩和加桩的桩顶高程和地面高程(也可以测桩顶高程,量取桩高)。当横断面间隔较小时,可以采用多个间视的方法测定桩顶高程。

2. 山区渠道中线的纵断面测量

又前述可知,山区的中线测量是以水准仪为先导,以地面高程来决定中线桩位的,故在中线测量的同时,已经获得了各个中线桩的顶高和地面高。

(三) 渠道的横断面测量

横断面测量就是要测出各里程桩垂直于渠道中心线方向上,一定宽度范围(一般为 10~50m)内的横向地面高低变化。横断面方向的确定,通常采用目估法或直角器法。常用的横断面测量方法有以下四种。

1. 花杆皮尺法

如图 3-1 所示,从中线里程桩(以下简称中桩)开始,分别向左、向右,在坡度变化点直立花杆,用拉平的皮尺量取花杆到里程桩的水平距离,并在花杆上读取两点之间的高差。逐点测量直至达到要求的横断面宽度为止。

2. 水准仪法

如图 3-2 所示,在起伏不大的地区,将水准仪安置在两个横断面中间,可以一站测量两个横断面。测量时,将其中一个中桩作为后视,读数后计算出视线高程;而后分别向左、右逐点读取地面坡度变化点上水准尺的前视读数,并计算尺底高程;同时用皮尺拉平量取中桩到立尺点间的水平距离,应尽量使皮尺的零点位于中桩,量取从中桩开始的累积平距。如果要分段量取水平距离,应注意消除量距误差的积累。另外,千万要记录清楚,

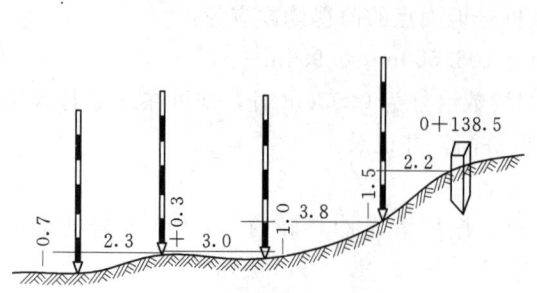 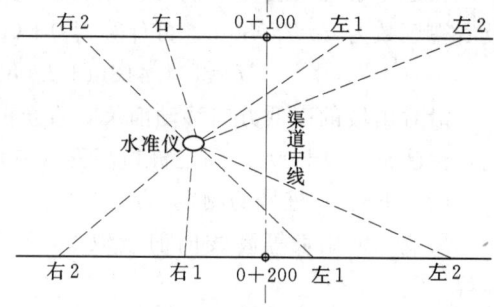

图3-1 花杆皮尺法测量横断面　　　　图3-2 水准仪法测量横断面

勿把中桩左右的点搞混了。

3. 经纬仪视距法

该法常用于地面起伏较大的地区。施测时，通常把经纬仪安在中桩上，用视距测量的方法测定立尺点的平距和高差。

4. 全站仪法

该法类似于经纬仪视距法，但是测点的精度要高得多。施测时，把全站仪安置在中桩上，直接利用全站仪可以只测量平距和高差的功能，逐点测量即可。该法的最大优点是可以通过全站仪和计算机的通讯接口，把测得的数据传输到计算机内，建立一个数据文件，在 AutoCAD 应用程序中，把平距视为横坐标，高差视为纵坐标，自动绘制横断面图并求取个横断面的填挖面积。

五、内业工作与要求

渠道测量的内业工作有纵横断面图的绘制和土方量的计算。

（一）渠道纵横断面图的绘制

1. 纵断面图的绘制

纵断面图就是根据各个中线桩的地面高程及桩间的距离关系，按一定比例尺绘在方格纸上，相邻点以直线相连而成的图形，如图3-3所示。

常用的水平距离比例尺有：1∶500、1∶1000、1∶2000；高程比例尺：1∶100，特殊情况也可采用1∶50、1∶200。

2. 横断面图的绘制

横断面图的绘制，基本上与纵断面图相同。只是为了求解断面面积的方便，通常纵横比例尺均采用相同的数值，如均为1∶100。原地面线（用实线）按照横断测量成果绘出后，还应套绘本桩号的设计断面（用虚线），本断面的填挖图形立即就显现出来了。

特别指出：横断图的绘制，如果能采用 AutoCAD 应用程序进行的话，工作效率和面积计算精度会有很大的提高。

（二）填挖土方量的计算

1. 各断面填挖方面积的计算

首先应在横断面图上求出每一个断面的填挖方面积。可用图解法，也可用解析法

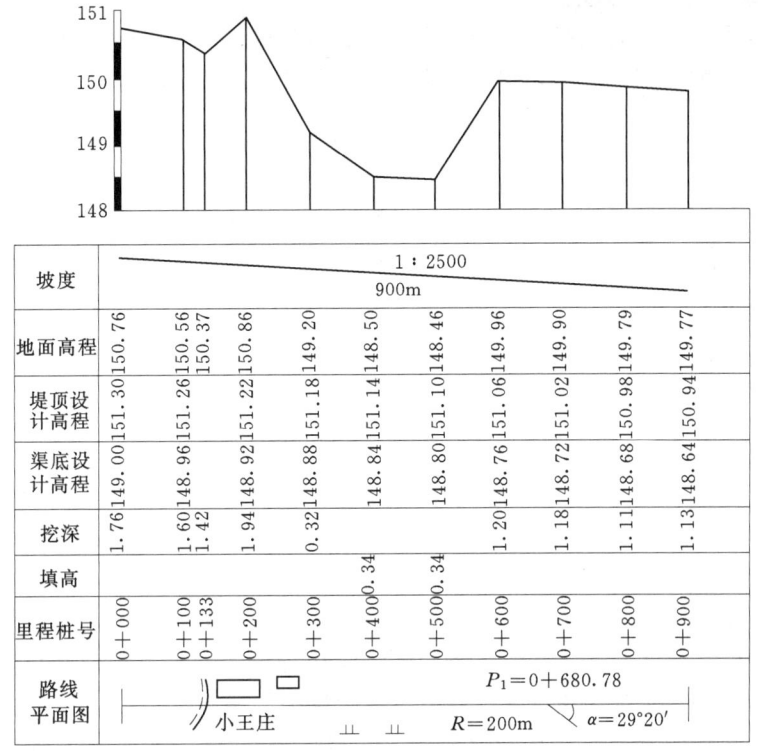

图 3-3 纵断面图的绘制

计算，还可以使用求积仪量取。如能在 AutoCAD 应用程序中求取面积，不失为上策。

需要注意的是，当一个断面既有填方又有挖方时，填挖方的面积应单独计算。

2. 填挖方量计算

当相邻的两个断面均为填（或均为挖）方时，计算较为简单。通常是把相邻两个断面的填（挖）面积取平均，作为这两个断面之间填（挖）的平均面积，在乘以两断面之间的平距，即为这两个断面之间的填（挖）方量。

当相邻的两个断面一个为填方，另一个为挖方时，必须先求出这两个断面之间的填完零点的位置，然后再分别计算填方和挖方。

当相邻的两个断面均为既有填方又有挖方时，如果两个断面图为相似的形状，只需将填挖分开单独计算即可。假如两个断面的图形局部不相似，则应设法在纸上找出或实地布测填挖零点断面。然后再分段计算。

之后，将所有断面间的填（挖）方量分别统计，即为整个工程的填（挖）方总量。

提请读者注意，土方量计算繁琐易错，必须仔细认真。建议读者有条件的话，使用 Excel 电子表格应用程序来计算土方量，定会收到事半功倍之效果。

六、边坡放样

渠道的放样，最关键的是边坡桩（也可叫开挖桩或坡脚桩，下面统称为边坡桩）的放样，以下分三种情况来说明。

(一) 用边坡尺放样边坡桩

如图 3-4 所示，首先在纵断面图上求出有关里程桩号的中心填挖值 $h_{挖}$，并在该桩立一杆，取一合适的任意杆高 $h_{任}$，得杆上点 N，拉水平线 NQ，使得

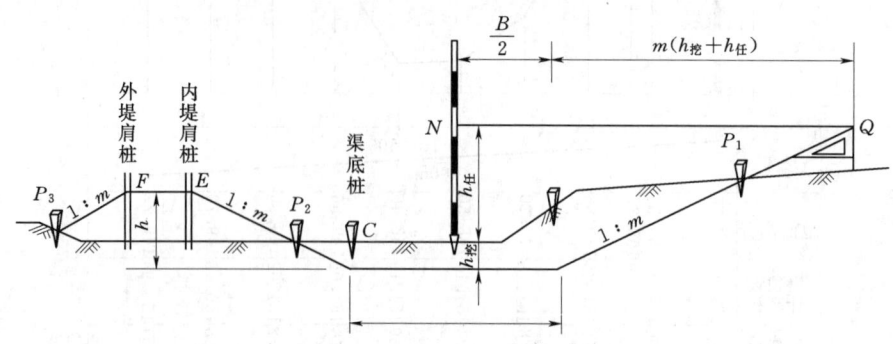

图 3-4　渠道边坡放样

$$NQ = \frac{B}{2} + m(h_{挖} + h_{任})$$

并在 Q 点立一测杆，这时用准备好的与渠道边坡系数相同的边坡尺，把直角边上的角点与 Q 点重合，再将直角边与竖直杆重合，然后从 Q 点顺着边坡尺的斜边拉线与地面相交得点 P_1，该点即为所求的边坡桩的位置，打一木桩标定。

为了保证测杆的垂直，应配以挂线垂球，使二者重合。这种方法很好，但精度较差，只能用于中小型渠道。图 3-5 中，右侧的地面高于堤顶设计高程了，故不再需要修堤了。

(二) 用逐步趋近法，放样边坡桩

如图 3-5 所示，用水准仪和钢（皮）尺测设坡地上的边坡桩 P_1 的位置。

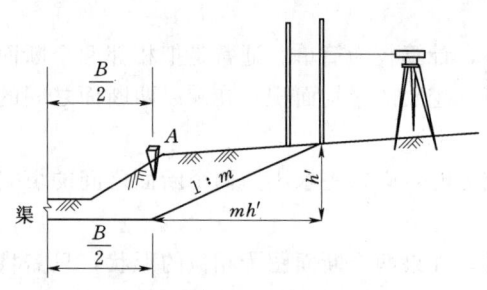

图 3-5　逐步趋近法放样边坡桩

自中心桩向横断面右侧量取 $B/2$ 的长度得 A 点，在坡上任取一点 P'，用水准仪测出 P' 点的高程，并用该点的高程减去渠底的设计高程的 h'，然后量出 AP' 之间的水平距离 D'，若 $D' = mh'$，P' 点即为所求得边坡桩 P_1 点。否则，用上述方法重测，直到 AP' 之间的水平距离 D' 与 mh' 相等，边坡桩才算确定。

上述方法称为逐步趋近法，一般需要 3～5 次重测才能完成。

(三) 渠堤的放样

如图 3-5 的左侧，在横断面方向自中心桩向左量取 $B/2$ 的长度确定渠底桩 C，自 C 点向左继续量 mh' 的距离确定内堤肩桩 E（定型杆）、量堤宽 b 确定外堤肩桩 F；然后用高程放样的方法确定堤顶的高度，并用前述方法确定边坡 P_2 和 P_3；最后拉上线，渠道堤的边坡放样即算完成。

渠道定型放样之后，即可进行开挖筑堤修渠。

七、注意事项

在放样测量中,切记要做到"步步检核"。计算的每一个放样数据,标定的每一个放样点位,决不允许有任何差错。

八、回答问题

(1) 渠道测量的外业工作有哪些内容?

(2) 渠道测量中的纵断面测量,在平原地区和山地有何不同?

(3) 横断面测量的要点是什么?

(4) 土方量计算中,遇有两个相邻断面为一填一挖时,应如何正确计算其间的填挖方量?

实训 3 建筑物施工放样

一、实训目的

本实训内容的教学目的是,使学生掌握中小型民用建筑的施工测量基本方法和步骤。要求学生以下目标:

(1) 熟练掌握常用测量仪器(水准仪、经纬仪、全站仪)的使用。

(2) 掌握地形图的基本应用方法,求取坐标、边长、方位角等。

(3) 掌握一般民用建筑工程的控制网简单形式的设计、控制点数据计算和测设的工作方法。

(4) 掌握建筑物定位轴线的测设方法,轴线控制龙门(引)桩的测设、建筑物细部轴线测设的一般方法。

(5) 掌握建筑物底层室内地坪±0.000 的测设,和基槽开挖中的高程测设工作。

(6) 具有一般民用建筑物定位和放线的能力。

二、仪器与工具

DJ_6(或 DJ_2)型光学经纬仪(或全站仪)1 台套;DS_3 水准仪 1 台及水准标尺 1 副;50m 钢尺 1 把;花杆 3~4 根;测钎 1 束;斧头 1 把;小钉;木桩若干;红油漆;毛笔;2m 小盒钢尺;计算器等。

三、实训内容与要求

1. 实训题目

如图 3-6 和图 3-7 所示,在老师的指导下,首先在每组各自测绘的地形图上,找一块可以完成施工阶段测设工作的平坦空地,在此空地上设计一个简单的拟建民用建筑物和一个简单的建筑基线(三点一线型),要求建筑基线与拟建建筑物的主轴线平行。计算测设数据,并完成建筑基线和拟建建筑物的平面位置测设和高程测设。

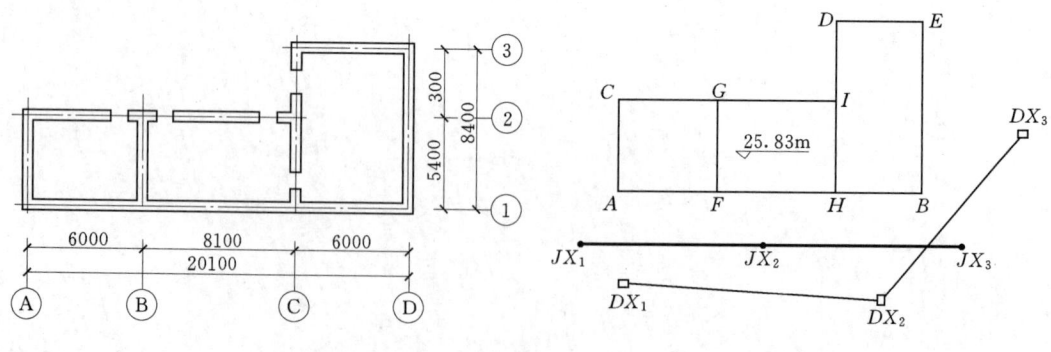

图 3-6 建筑物基础平面图　　图 3-7 建筑基线测设

2. 实训要求

(1) 依据测图控制点,先测设(三点一线型)建筑基线,并调整三点之间的距离和角度。再根据建筑基线（三点一线型）来测设拟建建筑物的平面位置和细部轴线。

（2）完成建筑物的龙门（引）桩测设。

（3）以等外水准测量，将已知高程引测至建筑基线点上，作为建筑物施工的高程控制点。

四、测设数据准备

（1）先在图纸上用图解法求取建筑基线点和拟建建筑物主轴线交点的坐标值。必要时应调整拟建建筑物的角点坐标，使之与拟建建筑物的细部尺寸一致。

（2）先拟定测设方案，再根据测图控制点坐标和图解出的建筑基线点的坐标，反算出用极坐标法测设建筑基线点所需的角度和距离。尔后绘制测设略图，并把计算出的测设数据标注在测设略图中。

（3）先拟定测设方案，再根据建筑基线点坐标和拟建建筑物的角点坐标，计算出用直角坐标法进行拟建建筑物定位所需的数据。后绘制测设略图，并把计算出的测设数据标注在测设略图中。

五、建筑基线测设与要求

1. 测设主点位置

根据测设方案和测设略图，在测图导线控制点 DX_1、DX_2、DX_3 上安置经纬仪，按照事先计算的极坐标法测设数据，把建筑基线主点 JX_1、JX_2、JX_3 逐个测设到地面上。

2. 检查调整

（1）距离检查。用钢尺往返（取平均）丈量三个主点之间的距离 a、b，其值与设计长度的差值应满足 1/10000 的要求。否则应进行调整，直至符合要求为止。

（2）直线性检查。在 JX_2 点安置经纬仪，2测回观测角度是否为 $180°$，若差值大于 $\pm 24''$，则应进行调整。根据三个主点之间的距离 a、b，按下式计算点为改正数 δ，即 $\delta = \dfrac{ab}{a+b}\left(90° - \dfrac{\beta}{2}\right)''\dfrac{1}{\rho}$，若 $a=b$ 时，则有 $\delta = \dfrac{a}{2}\left(90° - \dfrac{\beta}{2}\right)''\dfrac{1}{\rho}$。将三点分别反向移动 δ 值后，再次检查角度是否为 $180°$，必要时再次调整，直至符合要求为止。

3. 引测高程

由已知水准点（或测图控制点），采用一站式水准测量方法，把高程引测到三个基线点上，以此作为建筑物设计标高的测设依据。应进行必要的检核工作，确保引测高程的正确性。

六、主轴线测设与要求

由于布测的建筑基线与建筑物的主轴线平行，因而可以采用直角坐标法来完成建筑物的定位测量工作。

1. 测设主角点 A、B、$C(C')$、E

如图 3-8 所示，先在 JX_1 点安置经纬仪，照准 JX_2，在此视线方向上用钢尺向右量取长度为 JX_1 到 A 点的横坐标差 ΔY_{1A}，得辅助点 1。

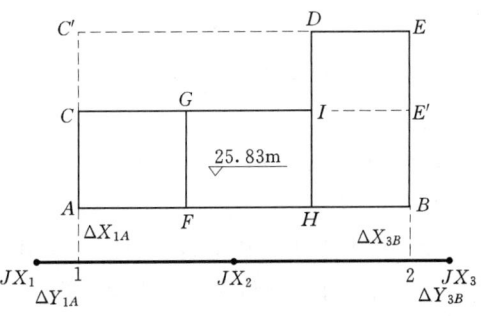

图 3-8 建筑物轴线测设

将经纬仪安置在辅助点 1 上，后视 JX_2，向左测设 90°角，得 1A 方向，在此方向上用钢尺量取长度为 JX_1 到 A 点的纵坐标差 ΔX_{1A}，得 A 点，在木桩顶上用铅笔"点"标定点位；在此方向上继续量取长度为 5.400m，得 C 点，并标"点"。在此方向上继续量取长度为 3.000m，得 C' 点，标定"点"。请注意，C' 点虽然不是建筑物的角点，但是它却具有其他点不能替代的定位作用。

同理，在 JX_3 点安置经纬仪，照准 JX_2，在此视线方向上用钢尺向左量取长度为 JX_3 到 B 点的横坐标差 ΔY_{3B}，得辅助点 2。

将经纬仪安置在辅助点 2 上，后视 JX_2，向右测设 90°角，得 2B 方向，在此方向上用钢尺量取长度为 JX_3 到 B 点的纵坐标差 ΔX_{3B}，得 B 点，在木桩顶上用铅笔"点"标定点位；在此方向上继续量取长度为 5.400m，得 E' 点，并标定"点"，在此方向上继续量取长度为 3.000m，得 E 点，标定"点"。

2. 检查主角点 A、B、C(C')、E

主角点 A、B、C(C')、E 测设好之后，应进行检核。点位间距离相对误差不得大于 1/5000；直角与 90°的差值不得超过±40″。否则，应予以调整，直至符合要求为止。合格后，在木桩顶上钉小钉标志主轴线角点位置。

七、细部轴线测设

根据已经测设好的主角点，用钢尺在其间按照设计尺寸逐个量出个细部轴线点的位置即可。例如：在 A、B 主角点间，从 A 点起，向 B 点方向量取 6.000m，得到 F 点；继续量 8.000m，得到 H 点。再用 6.000m 检核 H 点到 B 点的距离，应符合要求。

八、龙门桩（引桩）测设与要求

在基础开挖施工中，先前测设的轴线桩将会被挖掉，因而，为了满足后期施工中恢复轴线的需要，必须将各轴线桩引测至开挖范围 2～4m 以外能够保存的地方，建立轴线控制桩（引桩）或龙门桩。

轴线控制（引）桩即是先将轴线延长引测到桩顶、钉小钉标志轴线位置，而后在桩的侧面上测设出建筑物的±0.000 标高位置。

龙门桩是先在龙门桩的侧面测设好±0.000 后，再钉设龙门板，必须是龙门板的上沿恰好为±0.000 标高，而后，再将轴线投测到龙门板上，钉小钉标记。具体测设方法，参见教材的相关内容。

必须说明，在主点测设中，我们"多"测设了一个 C' 点，由设计图可知，C' 点处不会开挖，故 C' 点可以保留下来作为轴线控制桩使用。可以想见，C' 的精度会高于其他引桩，因此，C' 点的控制意义更为重要。

九、注意事项

（1）经纬仪需要后视定向时，应尽可能使用较远的点作为后视点，以减小定向误差。

（2）如果采用倒转望远镜的方式来引测轴线，一定要注意所用的经纬仪是否存在视准轴误差 c 角。如有 c 角误差，则会导致引桩点位偏差。

（3）务必做到"步步检核"，确保所测设的点位和标高正确无误。

十、回答问题

（1）使用带有 c 角误差的经纬仪进行轴线引测，如何操作才能保证引测结果的正确？

（2）如何根据引桩或龙门桩的 ± 0.000 标高，控制基础的开挖深度？

（3）轴线细部测设时，最后一段检核长度不符合要求，能否只调整"最后"一点的位置？

第四部分　数字测图实训

一、目的与要求

（1）熟练掌握全站仪的使用。
（2）了解数字测图中平面控制和高程控制的技术要求。
（3）了解数据采集的技术要求。
（4）掌握小地区大比例尺数字测图方法。
（5）学会使用数字成图软件（如CASS7.0等）。
（6）具有数字测图的外业控制测量、数据采集和应用数字成图软件成图的能力。

二、内容与时间安排表

实训的内容与时间安排见表4-1。

表4-1　　　　　　　　　　实训内容与时间安排表

序号	实训项目	实训内容	时间安排（d）
1	实训准备	领取仪器并检查；踏勘选点、建立标志	1
2	平面控制测量	采用图根导线	1
3	高程控制测量	采用图根光电测距三角高程测量或图根水准测量	1
4	数据采集	使用全站仪采用"测记法"结合现场草图绘制进行数据采集	3
5	内业成图	在相关的测图软件（如CASS7.0）支持下完成地形图的自动绘制	3
6	成果整理、实训总结	完成所有外业和内业资料的整理；撰写实训报告	0.5
7	实训成绩评定		0.5
8	合计		10

注　1. 实训前做好充分的准备工作。
　　2. 如遇到雨天等特殊情况，实训时间适当调整。
　　3. 以2周时间为准安排，如果实训时间更长，可增加控制测量与数据采集等项目的内容与时间。

三、仪器与工具

各实训小组配备下列仪器及工具：

全站仪1台，备用电池1块，三脚架1个，对讲机2个，棱镜2套，数据线1条，钢卷尺1个，工具包1个，记录板1块；自备计算器1个，测伞1把，图纸若干。

导线测量手簿、导线计算表、三角高程记录手簿、高程内业计算表、图纸等耗材由指导教师造表统一领取。

四、平面控制测量与技术要求

1. 平面控制测量的内容

（1）踏勘选点，建立标志：在高级点间布设附合导线或闭合导线。
（2）当测区内无高级控制点时，应与测区外已知点连测，或假定一点坐标及一边坐标方位角作为起算数据。

表 4-2　　　　数字测图图根点的密度要求

测图比例尺	1:500	1:1000	1:2000
图根点数/km²	64	16	4

(3) 局部地区可采用光电测距极坐标法和交会定点等方法。

(4) 图根点的密度根据《城市测量规范》(CJJ 8—99)，应符合表 4-2 的规定。

(5) 图根导线测量的技术要求根据《城市测量规范》(CJJ 8—99)，应符合表 4-3 规定。

(6) 因地形限制图根导线无法附合时，可布设不多于四条边长度不超过表 4-3 中规定长度 1/2、最大边不超过表 4-3 中平均边长 2 倍的支导线。支导线的边长采用光电测距，单程观测一测回；水平角应联测两个已知方向，采用全站仪其他水平角观测一测回即可。

表 4-3　　　　图根光电测距导线测量的技术要求

比例尺	附合导线长度 (m)	平均边长 (m)	导线相对闭合差	DJ₆测回数	方位角闭合差 (″)	测距 仪器类型	测距 方法与测回数
1:500	900	80	1/4000	1	$\leq \pm 40\sqrt{n}$	Ⅱ级	单程观测 I
1:1000	1800	150					
1:2000	3000	250					

注　n 为测站数。

2. 图根导线的内业

图根导线可采用近似平差，计算方法可查阅教材有关章节。计算时角值取至秒，边长和坐标取至厘米。

五、高程控制测量与技术要求

图根点高程可用图根光电测距三角高程或图根水准测量方法测定，实训采用图根光电测距三角高程测量方法。图根三角高程导线应起闭于高等级高程控制点上，可沿图根点布设为附合路线或闭合路线。

当测区内无已知水准点时，可与测区附近已知水准点进行高程连测。连测时用四等水准测量方法往返测，其往返测高差不符值不超过 $\pm 40\sqrt{L}$ (mm)（L 为路线长度，以 km 计）。也可假定一点高程，成为独立高程系统。

图根光电测距三角高程测量的技术要求根据《城市测量规范》(CJJ 8—99)，应符合表 4-4 的规定。

表 4-4　　　　图根三角高程测量的技术要求

仪器类型	中丝法测回数		垂直角较差、指标差较差 (″)	对向观测高差、单向两次高差较差 (m)	各方向推算的高程较差 (m)	附合路线或环线闭合差	
	经纬仪三角高程测量	光电测距三角高程测量				经纬仪三角高程测量 (m)	光电测距三角高程测量 (mm)
DJ₆	1	对向 1 单向 2	≤25	≤0.4S	≤$0.2H_C$	≤$\pm 0.1H_C\sqrt{n}$	≤$\pm 40\sqrt{L}$

注　1. S 为边长，km；H_C 为基本等高距，m；n 为边数；L 为总边长，km。
　　2. 仪器高和棱镜高应准确取至厘米，高差较差在限差内时，取其中数。

计算三角高程时，角度应取至秒，高差应取至厘米。

六、外业数据采集与技术要求

1. 准备工作

将控制点、图根点平面坐标和高程值抄录在成果表上备用。每日施测前，应对数据采集软件进行试运行检查，对输入的控制点成果数据需显示检查。

2. 数据采集要求

（1）使用全站仪和相关的数字测图软件（如南方测绘生产的 CASS7.0 数字测图软件）。

（2）细部点坐标测量可以采用极坐标法、量距法、交会法等，细部点高程宜采用三角高程测量。细部测量与图根测量可同时进行或分开进行。

（3）设站时，仪器对中误差不应大于 5mm，照准一图根点作为起始方向，观测另一图根点作为检核，算得检核点的平面位置误差不应大于图上 0.2mm。检查另一图根点高程，其较差不应大于 1/5 基本等高距，仪器高和棱镜高量记至毫米。

（4）每站测图过程中，应经常归零检查，归零差不应大于 4′。

（5）采集数据时，角度应读记至秒，距离应读记至毫米。测距最大长度为 300m。高程注记点应分布均匀，间距为 15m，平坦及地形简单地区可放宽至 1.5 倍。高程注记点应注至厘米。

（6）采集的数据应及时进行检查。删除错误数据，及时补测错漏数据，超限的数据应重测。

（7）数据文件应及时存盘并备份。

（8）数据保存后，对全站仪内的数据进行删除等操作，以便采集新的数据。

3. 数据采集方法

大比例尺地形图数字测图外业数据采集碎部点的方法，可以采用全站仪测量，也可以采用 GPS 的 RTK 测量的方法。目前以全站仪测量为主，根据提供图形信息码的方式不同，使用全站仪测量又可以分为测记法和电子平板法（根据实验设备而定）两种，电子平板法由于数字测图成本高，故实际中多采用测记法。

测记法测图思想：外业使用全站仪测量碎部点三维坐标的同时，领图员绘制碎部点构成的地物形状和类型并记录下碎部点点号（必须与全站仪自动记录的点号一致）。或者按照绘图软件的要求观测者输入碎部点的编码和连接关系码（不需绘制草图或者选择性的绘制草图）。内业将全站仪或电子手簿记录的碎部点三维坐标，传输到计算机中并转换成 CASS 坐标格式文件并展点，根据野外绘制的草图在 CASS 中绘制地物或者编码识别自动成图。

全站仪野外数据采集步骤如下：

（1）安置仪器：在控制点上安置全站仪，检查中心连接螺旋是否旋紧，对中、整平、量取仪器高、开机。

（2）创建文件：在全站仪 Menu 中，选择"数据采集"进入"选择一个文件"，输入一个文件名后确定，即完成文件创建工作，此时仪器将自动生成两个同名文件，一个用来保存采集到的测量数据，一个用来保存采集到的坐标数据。

(3) 输入测站点：在创建的文件夹中按提示输入测站点点号及编码、测站点坐标、仪器高等内容并确认。

(4) 后视定向：瞄准另一已知控制点，输入其点号及编码、坐标或者方位角（测站点至该点）、棱镜高等信息，按下测量键进行定向，比较所测坐标与已知数据保证定向正确。

(5) 碎部点测量：仪器定向后，即可进入"测量"状态，输入所测碎部点点号、编码、棱镜高后，精确瞄准竖立在碎部点上的反光镜，按"坐标"键，仪器即测量出棱镜点的坐标，并将测量结果保存到前面输入的坐标文件中，同时将碎部点点号自动加 1 返回测量状态。再输入编码、镜高，瞄准第 2 个碎部点上的反光镜，按"坐标"键，仪器又测量出第 2 个棱镜点的坐标，并将测量结果保存到前面的坐标文件中。按此方法，可以测量并保存其后所测碎部点的三维坐标。

将采集的数据及时传入计算机并保存，方法如下：

(1) 使用通信电缆将全站仪与计算机的 COM 口连接好，启动测图软件，打开全站仪。

(2) 设置全站仪和测图软件下的数据通信参数（仪器型号、波特率、数字位、检校位等），并使两者保持一致，如图 4-1 所示。

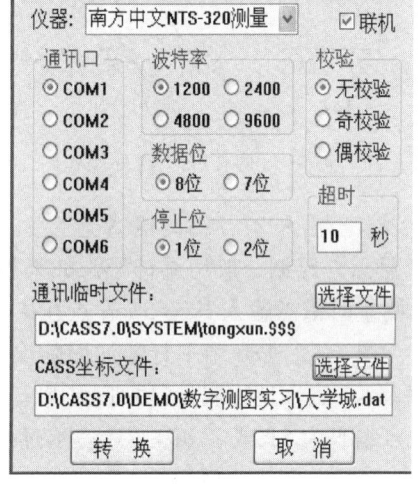

图 4-1 全站仪数据转换参数设置

(3) 在全站仪上的内存管理菜单中，选择"数据传输"选项，并根据提示顺序选择"发送数据"、"坐标数据"并选择文件，然后在全站仪上选择确认发送。

(4) 在测图软件上的提示对话框上单击"确定"接受数据。

(5) 数据传输完毕后自动保存在指定的路径中。

4. 野外操作码（简编码）

CASS7.0 的野外操作码由描述实体属性的野外地物码和一些描述连接关系的野外连接码组成。CASS7.0 专门有一个野外操作码定义文件 jcode.def，该文件是用来描述野外操作码与 CASS7.0 内部编码的对应关系的，用户可编辑此文件使之符合自己的要求，文件格式为：

野外操作码，CASS7.0 编码

……

END

野外操作码有 1~3 位。第一位是英文字母，大小写等价；后面是范围为 0~99 的数字，如 F01 代表普通房子、B03 代表拟合边界的天然草地等，具体可查阅软件使用说明。无意义的 0 可以省略，例如，A 和 A00 等价、F1 和 F01 等价。

用符号表示特征点的连接关系，CASS7.0 中连接符合及其含义见表 4-5。

表 4-5　　　　　　　　　　　描述连接关系的符号及其含义

符号	含 义	符号	含 义
＋	本点与上一点相连，连线依测点顺序进行	p	本点与上一点所在地物平行
－	本点与下一点相连，连线依测点顺序相反方向进行	np	本点与上 n 点所在地物平行
n＋	本点与上 n 点相连，连线依测点顺序进行	＋A＄	断点标识符，本点与上点连
n－	本点与下 n 点相连，连线依测点顺序相反方向进行	－A＄	断点标识符，本点与下点连

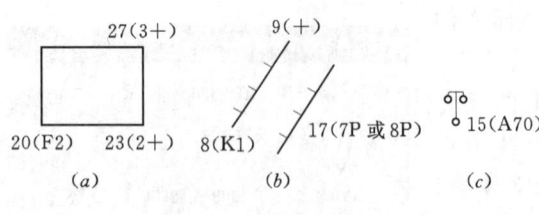

图 4-2　野外操作码

如图 4-2（a）所示为三点表示的一般房屋。20 号点是该房屋测量的第一个点，测量该点时，点号输入 20，编码输入 F2，表示一般房屋；23 号点是该房屋测量的第二个点，测量该点时，点号输入 23，编码输入连接关系码 2＋；27 号点是该房屋测量的第三个点，测量该点时，点号输入 27，编码输入连接关系码 3＋。自动绘图时，计算机将依次连接 20、23、27 号点，绘制一般房屋符号。如果想让计算机连接时按照 27—23—20 的顺序，则 20 号点测量时依然输入 F2，23 号点连接符应为 2－，27 号点连接符应为 3－。

图 4-2（b）中平行的加固陡坎依次测量了 8 号点、9 号点和 17 号点。8 号点的编码输入 K1 表示地物属性是加固陡坎；9 号点连接关系为＋，表示由 8 号点连向 9 号点；17 号点编码为 7P 或者 8P，7P 表示过 17 点作 9 号点所在直线的平行线，8P 表示过 17 点作 8 号点所在直线的平行线。

图 4-2（c）表示 15 号点为独立地物路灯。测量 15 号点时直接输入编码 A70 表示路灯即可。其他地物的编码请查阅相关的软件说明。

七、内业绘图与要求

利用数字测图软件进行地形图的绘制，CASS7.0 测图软件中成图方法有简编码自动成图、引导文件自动成图、测点点号定位成图、屏幕坐标定位成图等，归纳为三类：利用草图人机交互成图（草图法）、编辑引导文件自动成图、简码识别自动成图。其中，简码识别是建立在外业数据采集时输入了碎部点的标识符（简编码）的条件下，另两种方法外业不需要输入标识符。

1. 草图法成图方法

（1）执行下拉菜单"绘图处理/定显示区"确定绘图区域。

（2）执行下拉菜单"绘图处理/展野外测点点位"，将外业采集的数据按坐标将各点展绘在计算机屏幕上，显示各点点号。

（3）对照外业绘制草图，利用 CASS7.0 中的屏幕菜单（图 4-3），将地物的特征点依次连接，绘制所有地物。

（4）执行下拉菜单"绘图处理/展高程点"，将各特征点的高程展在屏幕上。

（5）根据高程点和高程数据建立数字地面模型，编辑后自动绘制等高线，如图 4-4 所示。

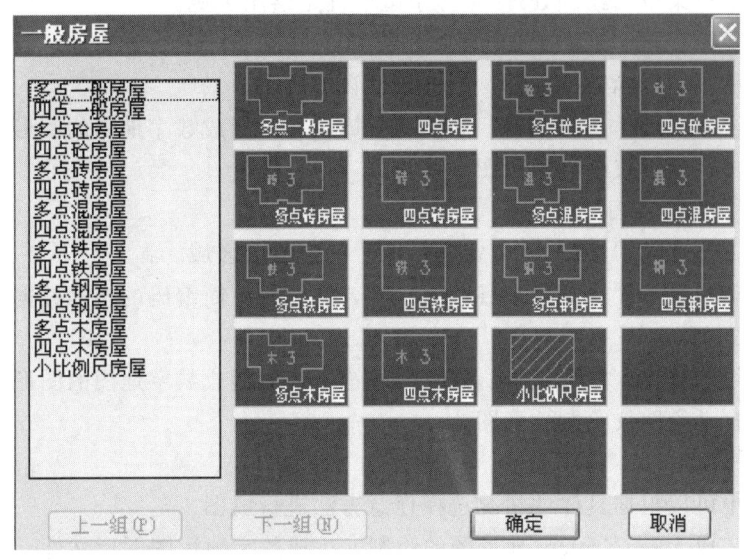

图 4-3 CASS7.0 软件屏幕菜单

（6）经过对所测地形图进行屏幕显示，在人机交互方式下进行绘图处理、图形编辑、修改、整饰，最后形成数字地图的图形文件。

（7）通过自动绘图仪绘制地形图。

2. 引导文件自动成图方法

（1）绘图之前根据简要草图人工编辑一个编码引导文件（文本格式），该文件包含了地物的编码、地物的连接点号和连接顺序，其功能是自动将坐标数据文件和编辑好的引导文件合并，生成简码坐标文件，实现图形的自动绘制。

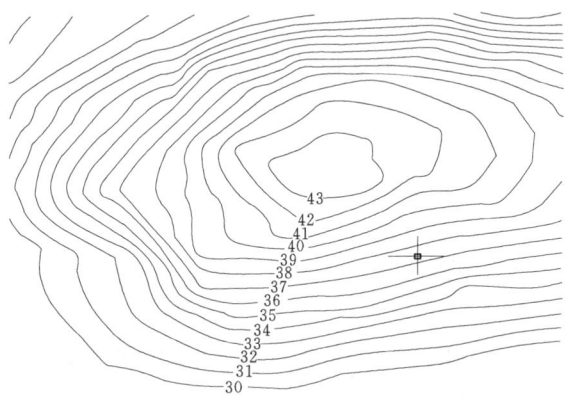

图 4-4 等高线的绘制

编码引导文件是用户根据"草图"编辑生成的，文件的每一行描绘一个地物，在 CASS7.0 中，编码引导文件的数据格式为：

$$Code，N1，N2，\cdots，Nn，E$$

其中：Code 为该地物的地物代码；Nn 为构成该地物的第 n 点的点号。值得注意的是：N1、N2、…、Nn 的排列顺序应与实际顺序一致。

每行描述一个地物。

最后一行只有一个字母 E，为文件结束标志。

实际上，引导文件是对无码坐标数据文件的补充，两者结合即可完备地描述地图上的各个地物。

(2) 执行下拉菜单"绘图处理/定显示区"确定绘图区域。
(3) 执行下拉菜单"绘图处理/编码引导",选择编辑好的引导文件。
(4) 选择相应的坐标数据文件。绘图软件自动成图。
(5) 进行绘图处理、图形编辑、修改、整饰,最后形成数字地图的图形文件。
(6) 通过自动绘图仪绘制地形图。

3. 简码识别自动成图方法
(1) 执行下拉菜单"绘图处理/定显示区"确定绘图区域。
(2) 执行下拉菜单"绘图处理/简码识别",选择带有简编码的坐标数据文件,绘图软件自动成图。
(3) 进行绘图处理、图形编辑、修改、整饰,最后形成数字地图的图形文件。
(4) 通过自动绘图仪绘制地形图。

4. 数字成图要求
(1) 实训中可以根据具体的情况选择任意方法进行成图。
(2) 每人完成 50cm×50cm 地形图的绘制,生成数字地形图图形文件。
(3) 比例尺 1∶1000,基本等高距为 0.5m。
(4) 图上地物点相对于邻近图根点的点位中误差应不超过图上±0.5mm;邻近地物点间距中误差应不超过图上±0.4mm。
(5) 高程注记点相对于邻近图根点的高程中误差不得大于±0.15m。
(6) 参照《城市测量规范》(CJJ 8—99)和《1∶500,1∶1000,1∶2000 地形图图式》(GB/T 7929)的技术要求进行。

八、实训总结与要求

实训分小组进行,每组要完成以下任务:
(1) 布设闭合(或附合)导线,进行导线测量、三角高程测量,并计算各待定点的坐标和高程。
(2) 利用全站仪采集数据,根据情况绘制相关草图。
(3) 进行数据传输。
(4) 用 CASS7.0 编绘数字地地形图一幅。
(5) 掌握图根平面控制和高程控制的基本方法以及计算的全过程。
(6) 掌握数字化成图野外数据采集的全过程。
(7) 掌握用 CASS7.0 成图软件将野外采集的数据进行数字成图的全过程。
(8) 撰写实训报告(不少于 3000 字)。
(9) 上交控制测量原始数据、成果数据文件、地形图等电子版资料。

实训基本要求:
(1) 爱护仪器设备。在操作仪器前要认真阅读有关的说明书;注意仪器的遮阳、防雨;注意仪器安全。对损坏仪器者,除按情节轻重执行相关处分规定外,还要按学校的有关规定进行经济赔偿。
(2) 不迟到、早退;有事请假,办理相关的请假手续。
(3) 实训期间不得私自离开;不得破坏周围环境。

(4) 按要求完成实训任务。

(5) 按要求上交相关实训资料。

九、注意事项

(1) 在测量前应做好充分准备工作，分组实训、确定负责人、全站仪的电池和备用电池均应充足电等。

(2) 用数据线连接全站仪和计算机时，应选择与全站仪型号相匹配的数据线，按照正确的方法连接。

(3) 采用数据编码进行数据采集时，数据编码要规范、正确。

(4) 外业数据采集时，记录及草图绘制应清晰、信息齐全。不仅要记录观测值及测站有关数据，同时还要记录编码、点号、连接点和连接线等信息，并保证草图上的碎部点编号与全站仪上的标号保持一致，以方便绘图。

(5) 数据处理前，要熟悉所采用绘图软件的工作环境及基本操作要求。

(6) 成果应符合相关的测量规范。

十、回答问题

(1) 利用全站仪进行数据采集时，后视定向操作中，输入后视点坐标等信息后为什么还要瞄准并测量？是否每一个测站都需要进行后视定向？

(2) 利用简编码法自动绘图时，如果居民地等封闭图形不闭合应如何处理？

(3) 在数字测图软件中如何确定地形图的比例尺？是否可以输出任意比例尺的地形图？

(4) 在数字测图软件中进行等高线修剪时应注意哪些问题？

第五部分 习题、自测试题与答案

一、习题与答案

（一）习题

1. 如图 5-1 所示为按图根水准要求施测的一条闭合水准路线观测成果略图。BM_3 为已知水准点，其高程为 79.398m，图中箭头表示水准测量的前进方向，路线内侧数字为测得的两点间的高差，外侧为该段路线的测站数。试按图根水准测量进行近似平差并计算待定点 B_1，B_2、B_3 点的高程。（$f_{h允}=\pm12\sqrt{n}$mm）

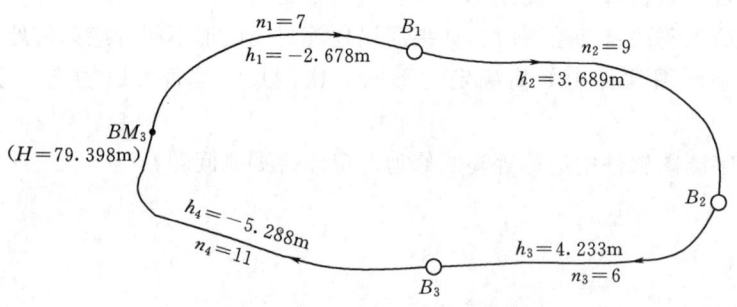

图 5-1 闭合水准路线计算

2. 如图 5-2 为按图根水准测量要求观测的某附合水准路线成果略图。BM_1 和 BM_2 为已知水准点。箭头表示水准路线前进方向，路线下方的数字为测得的两点间的高差。上方为该段路线的长度。试用近似平差并计算 A_1、A_2、A_3 点的高程。（$f_{h允}=\pm40\sqrt{L}$mm）

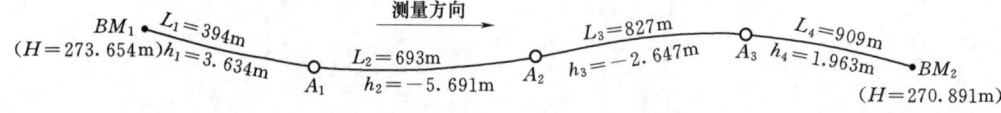

图 5-2 附合导线计算

3. 有一组观测值和已知数据如表 5-1 所示，其中 D_{12}、α_{12}，D_{23}、α_{23}，D_{34}、α_{34} 为观测值，1、4、5、6、7 点坐标为已知值，试用坐标正、反算的方法填表计算 2、3 点的坐标值以及 45、56、67 边的边长和方法角。

4. 在测站 B_4 瞄准目标点 A_1、A_2、A_3、A_4 点进行视距测量，观测数据如表 5-2 所示，填表完成计算。

144

5. 某闭合导线,其边长和角度观测值如图 5-3 所示,方向起算边为 AB,其坐标分别为 A(1558.43,1360.85),B(1479.86,1461.96),试按图根导线平差并计算 1、2、3、4 点坐标值。

表 5-1　　　　　　　　　　　　坐标正、反算

点号	边长(m)	方位角(° ′ ″)	坐标增量(m)		坐标(m)		点号
			Δx	Δy	x	y	
1	56.987	44 49 20			94.857	874.336	1
2	74.257	125 03 07					2
3	59.304	302 59 48					3
4					124.927	925.558	4
5					89.275	874.321	5
6					157.111	807.543	6
7					187.296	834.593	7

表 5-2　　　　　　　　　　　　视距测量记录表

测站:B_4　　　　　　　仪器高:1.48m　　　　　　测站高程:136.95m

目标	标尺读数(m)			竖盘读数(° ′)	竖直角(° ′)	水平距(m)	高差(m)	目标高程(m)	备注
	下丝	上丝	中丝						
A_1	1.785	1.256	1.522	90 00					
A_2	1.647	0.959	1.302	85 47					
A_3	1.862	1.099	1.480	92 37					
A_4	1.774	1.185	1.480	87 02					

6. 有一条附合导线,起始边为 AB,终边为 CD,其中 A、B、C、D 的坐标分别为 A(1413.25,619.26)、B(1326.12,756.32)、C(1325.94,1126.97)、D(1443.98,1187.74),新设点为 F_1、F_2、F_3,导线外业测得的角值及边长如图 5-4 所示,按照图根测量要求平差并计算 F_1、F_2、F_3 的坐标。

7. 四等水准测量观测记录如表 5-3 所示,完成视距计算、高差计算和检核计算。

8. 坐标放样数据计算。某建筑物,设计轴线的 4 个交点坐标分别为 1(789.273,501.329)、2(778.547,523.174)、3(796.500,531.989)、4(807.226,510.144),施工现场有控制点 A 和 B,其位置关系如图 5-5 所示。A、B 两点坐标分别为 A(785.172,485.929)、B(765.697,534.826)。拟用极坐标在 A 点放样 1、4 点,在 B 点

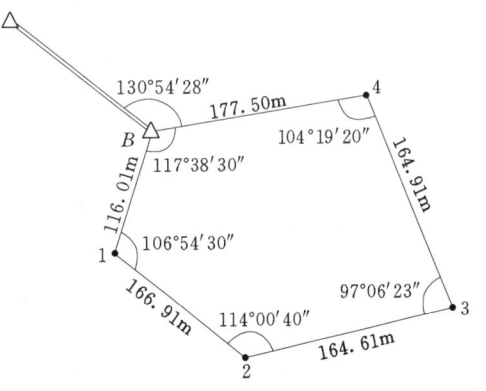

图 5-3　闭合导线计算

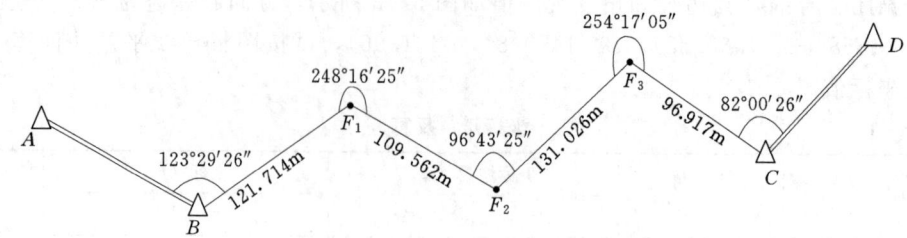

图 5-4 附合导线计算

放样 2、3 点，试计算放样数据。

表 5-3　　　　　　　　　　　　四等水准测量观测记录

测段：自 BM_6 至 BM_7			仪器型号：DS_3			观测者：王维		
时间：2008 年 8 月 26 日			天气、成像：晴，良			记录者：刘佳		

测站编号	后尺 下丝 上丝	前尺 下丝 上丝	方向及尺号	标尺读数		K+黑−红	高差中数	备注
	后视距	前视距		黑面	红面			
	视距差 d	Σd						
	①	⑤	后	③	④	⑬		
	②	⑥	前	⑦	⑧	⑭	⑱	$K_A=4687$
	⑨	⑩	后−前	⑮	⑯	⑰		$K_B=4787$
	⑪	⑫						
BM_4 1	0940	2770	后 A	0820	5509			
	0740	2585	前 B	2677	7465			
			后−前					
2	1068	1079	后 B	0880	5667			
	0689	0688	前 A	0885	5572			
			后−前					
3	2571	2566	后 A	2082	6769			
	1593	1596	前 B	2081	6867			
			后−前					
4 BM_5	2010	1523	后 B	1706	6494			
	1400	0900	前 A	1210	5896			
			后−前					
全段计检	Σ 后距		$\Sigma a_{黑,红}$					
	Σ 前距		$\Sigma b_{黑,红}$					
	后前距差		$\Sigma h_{黑,红}$			$\Sigma h_{中}$		
	全段长		$(\Sigma h_{中}+\Sigma h)/2=$					

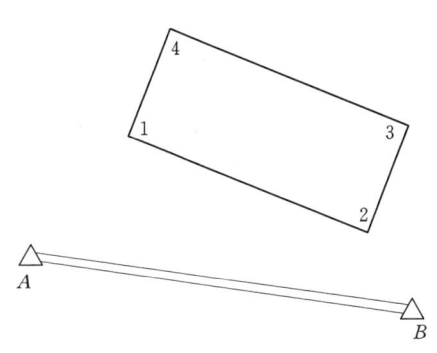

图 5-5 极坐标放样建筑物　　　　图 5-6 圆曲线主点桩号计算

9. 在某线路中，一段圆曲线如图 5-6 所示，已知交点里程为 K3+182.76，测得转折角 $\alpha=25°48'$，圆曲线设计半径 $R=300m$，试求曲线测设元素（切线长 T，圆曲线长 L，外点距 E，切曲差 D）及三主点（直圆点 ZY、圆直点 YZ、曲中点 QZ）的桩号。

10. 根据第 9 题的已知条件和计算结果，按照分别在 ZY 和 YZ 点安置经纬仪，用偏角法详细测设圆曲线的要求，计算各桩的偏角值和弦长。（按整桩号设桩，整桩距为 20m）。

11. 用全站仪进行道路的详细测设，一般需计算出各放样点的坐标值上传给全站仪，就能实现在任意控制点安置仪器测设各点位，某道路如图 5-7 所示，已知交点（JD）桩号为 K3+182.76，测得转折角 $\alpha=25°48'10''$，设计圆曲线半径 $R=300m$，交点（JD）、直圆点（ZY）和圆直点（YZ）的坐标如图，计算 ZY 点到 YZ 点进行详细测设时各细部点的坐标值。（整桩距为 20m）

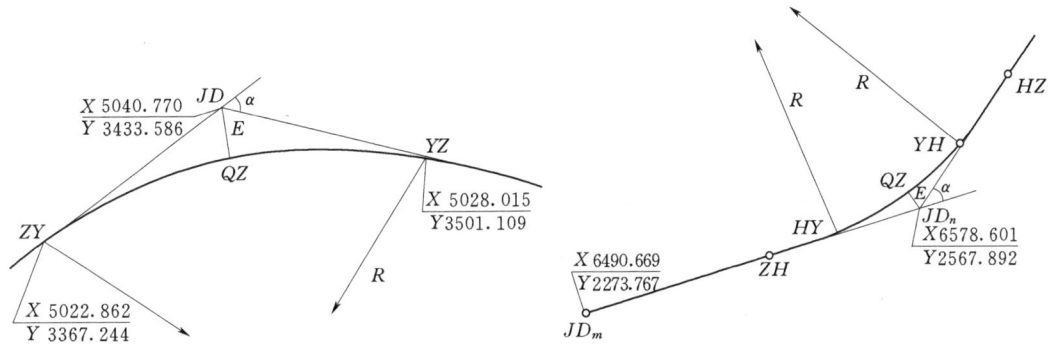

图 5-7 圆曲线详细测设　　　　图 5-8 综合曲线主点桩号计算

12. 某道路平面线型如图 5-8 所示，已知交点（JD_n）里程桩为 K17+568.38。转折角 $\alpha=38°30'$，设计半径 $R=250m$，设计缓曲线长度为 75m，JD_m 和 JD_n 的坐标值见图 5-8，计算该平面线型各主点 ZH、HY、QZ、YH、HZ 的桩号。

13. 已知条件如 12 题，计算用偏角法详细测设由 ZH 点到 HZ 点的曲线上各桩的偏角值和弦长。（整桩距为 20m）

14. 已知条件如 12 题，完成用全站仪详细测设该曲线的计算，求出由 ZH 点到 HZ 点各细部点及主点的坐标值。（整桩距为 20m）

(二) 答案

1. $H_{B1}=76.729\text{m}$　$H_{B2}=80.430\text{m}$　$H_{B3}=84.671\text{m}$

2. $H_{A1}=277.285\text{m}$　$H_{A2}=271.589\text{m}$　$H_{A3}=268.935\text{m}$

3. 坐标值：2 (135.278, 914.507)　3 (92.631, 975.296)

   边长：$D_{45}=62.420\text{m}$　$D_{56}=95.189\text{m}$　$D_{67}=40.532\text{m}$

   方位角：$\alpha_{45}=235°10'18''$　$\alpha_{56}=315°27'01''$　$\alpha_{67}=41°51'53''$

4.
	A_1	A_2	A_3	A_4
到 B_4 的水平距 (m)	52.90	68.43	76.14	58.74
目标高程 (m)	136.91	142.17	133.47	139.99

5. $f_\beta=-37''$

   1 (1368.56, 1429.20)　2 (1276.87, 1568.67)

   3 (1365.73, 1707.23)　4 (1514.48, 1636.06)

6. $f_\beta=-59''$

点名	x	y
F_1	1375.731	867.478
F_2	1299.315	946.023
F_3	1381.859	1047.788

7. 视距总长 433.6m　$\sum h_\text{黑}=-1365\text{mm}$　$\sum h_\text{红}=-1361\text{mm}$　$\sum h_\text{中}=-1.363\text{m}$

   各测站实测高差：1. -1.8605m　2. -0.0050m　3. $+0.0005$m　4. $+0.04970$m

8.
边名	方位角	边长
A1	75°05'18''	15.937
A4	47°40'27''	32.753
B2	317°47'57''	17.346
B3	335°44'16''	30.933
AB	111°43'00''	
BA	291°43'00''	

9. $T=68.71$m　$L=135.09$m　$E=7.77$m　$D=2.33$m

   ZY：K3+114.05　QZ：K3+181.60　ZY：K3+249.14

10. 由 ZY 点测设：

桩号	偏角值	弦长 (m)
K3+114.05	0°00'00''	0
K3+120	0°34'05''	5.95
K3+140	2°28'41''	20
K3+160	4°23'16''	20
K3+180	6°17'52''	20
K3+181.60	6°27'00''	1.60

　　由 YZ 点测设：

桩号	偏角值	弦长 (m)
K3+249.14	0°00'00''	0
K3+240	0°52'22''	9.14
K3+220	2°46'58''	20

一、习题与答案

K3+200　　4°41′33″　　20
K3+181.60　　6°27′00″　　18.40

11.

各细部点的坐标值

桩号	坐标 X	坐标 Y	桩号	坐标 X	坐标 Y
ZY：K3+114.05	5022.862	3367.244	QZ：K3+181.60	5033.007	3433.886
K3+120	5024.358	3373.013	K3+200	5033.150	3452.294
K3+140	5028.535	3392.566	K3+220	5032.027	3472.255
K3+160	5031.406	3412.362	K3+240	5029.576	3492.104
K3+180	5032.948	3432.297	YZ：K3+249.14	5028.015	3501.105

12. 桩号为：ZH：K17+443.277，HY：K17+518.277，QZ：K17+564.771
　　　　　　YH：K17+661.265，HZ：K17+686.265

13.

偏角法详细测设数据表

桩号	偏角 (° ′ ″)	弦长 (m)	桩号	偏角 (° ′ ″)	弦长 (m)
ZH：K17+443.277	0　00　00	0	K17+580	8　38　12	135.649
K17+460	0　08　33	16.723	K17+600	10　43　27	154.933
K17+480	0　41　13	36.721	YH：K17+611.265	11　55　15	165.688
K17+500	1　38　19	56.705	K17+620	12　51　18	173.973
HY：K17+518.277	2　51　51	74.925	K17+640	14　57　42	192.802
K17+520	2　59　50	76.639	K17+660	16　56　43	211.539
K17+540	4　42　31	96.468	K17+680	18　44　12	230.311
K17+560	6　37　02	116.150	HZ：K17+686.265	19　15　00	236.217
QZ：K17+564.771	7　05　28	120.819			

14.

全站仪详细测设曲线的数据计算表

桩号	X (m)	Y (m)	桩号	X (m)	Y (m)
ZH：K17+443.277	6542.767	2448.031	K17+580	6600.698	2570.687
K17+460	6547.597	2464.041	K17+600	6613.993	2586.621
K17+480	6553.706	2483.085	YH：K17+611.265	6621.993	2593.550
K17+500	6560.556	2501.873	K17+620	6628.435	2599.450
HY：K17+518.277	6567.789	2518.654	K17+640	6643.811	2612.235
K17+520	6568.529	2520.210	K17+660	6659.800	2624.247
K17+540	6577.893	2537.877	K17+680	6676.120	2635.807
K17+560	6588.639	2554.738	HZ：K17+686.265	6681.260	2639.389
QZ：K17+564.771	6591.399	2558.630			

149

二、自测试题与答案

(一) 自测试题

工程测量自测试题 (A)

一、填空题（每空1分，共20分）

1. 测量的基本工作有（　　　　）、（　　　　）和高差测量。
2. 测量平面直角坐标系规定纵轴为（　　　　），横轴为（　　　　）。
3. 单一水准路线布设为（　　　　）、附合水准路线和（　　　　）。
4. 独立导线测量的外业工作有选点、埋设标志、（　　　　）、（　　　　）和起始边定向。
5. 经纬仪能测量水平角、竖直角和间接地测定两点间的（　　　　）和（　　　　）。
6. 测量误差分为（　　　　）和（　　　　）。
7. 建筑基线有三点直线型、（　　　　）、（　　　　）和五点十字型。
8. 在地形图上表示地物的方法是采用（　　　　）、（　　　　）、线状符号和注记符号。
9. 测图前的准备工作有收集资料、仪器工具准备、图纸准备、（　　　　）和（　　　　）。
10. 施工测设的基本工作有已知水平距离、（　　　　）和（　　　　）的测设。

二、简答题（每题5分，共10分）

1. 等高线的特性：

2. 经纬仪测绘法的方法步骤：

三、判断题（判错在括号内打"×"，判对打"√"，每题1分，共10分）

1. 测量平面直角坐标系和数学上的平面直角坐标系的象限排列是相同的。（　　）
2. 使用微倾式水准仪测量时，读数前要转动微倾螺旋使符合水准器两边半圆弧吻合时才能读数。（　　）

3. 用经纬仪照准在同一竖直面内的两点,水平度盘读数是不同的。(   )
4. 直线定线即是直线定向。(   )
5. 直线 AB 的方位角为 256°16′48″,则其象限角是 76°16′48″。(   )
6. 在水平角测量中可以采用相对误差来衡量其水平角测量的精度。(   )
7. 在同一幅地形图上的绘图的基本等高距是不相等的。(   )
8. 等高线可以通过各种地物和注记。(   )
9. 大于 1∶10000 的比例尺地形图称为大比例尺地形图。(   )
10. 在建筑物放样中,放样点的坐标系和控制点坐标系不同时,要先进行坐标换算,使放样点和控制点在同属一坐标系内的坐标,才能进行计算放样数据。(   )

四、名词解释(每题 2 分,共 10 分)

1. 大地水准面:

2. 高差闭合差:

3. 水平角:

4. 控制测量:

5. 地形图:

五、单项选择题(选择正确的题号填在括号内,每题 1 分,共 10 分)

1. 经纬仪的安置包括对中和(   )。
   A. 粗平   B. 整平   C. 测角   D. 平移
2. 在水准测量中,要求前、后视距离相等可以消减(   )的误差。
   A. 读数误差   B. 大气折光和地球曲率引起
   C. 气泡不居中   D. 立尺不直
3. 竖直角测量中的观测限差有测回差和(   )。
   A. 方向值之差   B. 半测回差   C. 指标差之差   D. 归零差
4. 高差的大小与起算面(   )。
   A. 有关   B. 正交   C. 平行   D. 无关
5. 高程控制测量的任务是求出各控制点的(   )。
   A. 高程   B. 距离和水平角   C. 高差   D. 坐标

6. 导线布设的形式有闭合导线、（　　）和支导线。
   A. 附合水准路线　　　　　　　　B. 附合导线
   C. 高程导线　　　　　　　　　　D. 视距导线

7. 已知一直线的坐标增量为 ΔX_{AB} 为正，ΔY_{AB} 为负，则该直线落在（　　）。
   A. 第一象限　　　B. 第二象限　　　C. 第三象限　　　D. 第四象限

8. 确定地面点位置的三个基本要素是水平角、（　　）和高差。
   A. 高程　　　　　B. 竖直角　　　　C. 水平距离　　　D. 斜距

9. 使用经纬仪，要使十字丝清楚，转动（　　）。
   A. 目镜对光螺旋　　　　　　　　B. 物镜对光螺旋
   C. 制动螺旋　　　　　　　　　　D. 微动螺旋

10. 高差闭合差调整的方法是反其符号按（　　）的方法调整到各高差观测值上。
    A. 角度大小成正比例　　　　　　B. 平均分配
    C. 边长（或测站数）成正比例　　D. 各边高差大小

六、计算题（共 40 分）

1. 如图 5-9 所示为一条等外闭合水准路线，已知数据和观测结果注于图上，试进行高差闭合差的调整和高程计算。（10 分）

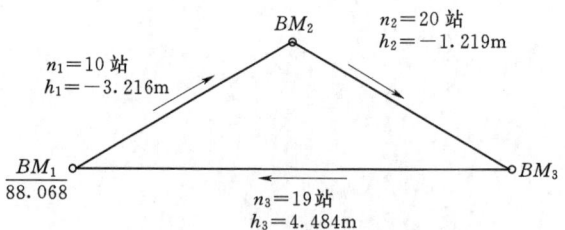

图 5-9　闭合水准路线

高差闭合差的调整和高程计算表

点号	测站数 n	观测高差 (m)	高差改正数 (m)	改正后高差 (m)	高程 (m)	点号
Σ						

辅助计算：$f_h =$
　　　　　$f_{h容} =$
每站高差改正数 =

2. 试完成下表水平角测量计算。(5分)

测站	目标	竖盘位置	水平度盘读数 (° ′ ″)	半测回角值 (° ′ ″)	一测回角值 (° ′ ″)	备注
A	B	左	0　08　30			
	C		185　28　36			
A	B	右	180　08　42			
	C		5　28　54			

3. 用钢尺往、返丈量 A、B 两点的水平距离，其结果为 149.975m 和 150.025m，计算 AB 两点的水平距离 D_{AB} 和丈量结果的精度（相对误差）K。(5分)

4. 如图 5-10 所示，ABCD 四点为一图根导线，AB 边方位角为 86°30′16″，各内角测量值分别为：$\angle A = 84°29′42″$，$\angle B = 95°30′18″$，$\angle C = 86°25′06″$，$\angle D = 93°35′18″$，边长 $D_{AB} = 138.668$m，$D_{BC} = 110.602$m，$D_{CD} = 136.523$m，$D_{DA} = 112.036$m，求改正后内角和计算各边方位角。(10分)

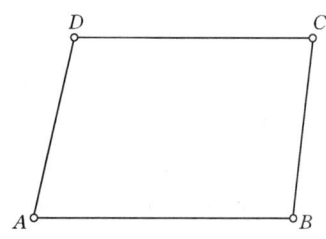

图 5-10 闭合导线

5. 如图 5-11 所示，已知 A、B、P 坐标见下表，求用极坐标法测设 P 点的放样数据 β 和 D_{AP}，并说明测设的方法。(10分)

点号	x	y
A	200.000m	300.000m
B	140.380	240.380
P	220.128	279.872

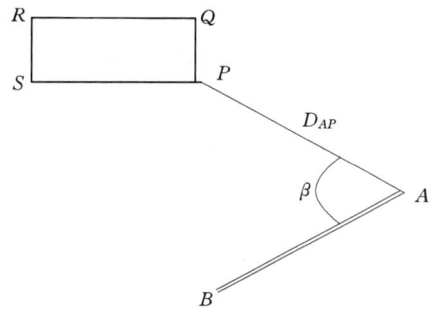

图 5-11 极坐标法放样

工程测量自测试题（B）

一、填空题（每空 1 分，共 20 分）

1. 测量的基准面和基准线是（　　　　　　）、水平面和（　　　　　　）。
2. 导线布设的形式（　　　　　　）、附合导线和（　　　　　　）。
3. 水准仪的轴线有竖轴、（　　　　　　）、（　　　　　　）和水准管轴。
4. 测量工作的原则是（　　　　　　）和（　　　　　　）。
5. 地形图的基本应用有确定点的平面直角坐标、确定两点间的水平距离、（　　　　　　）、（　　　　　　）、确定两点连线的坡度和面积等。
6. 控制测量分为（　　　　　　）和（　　　　　　）。
7. 等高线分为首曲线（　　　　　　）、（　　　　　　）和助曲线四种。
8. 管道工程测量的任务有两个方面：一是为管道工程的设计提供地形图和（　　　　　　）；二是按设计要求将管道位置（　　　　　　）。
9. 测设点位的基本方法有极坐标法、（　　　　　　）、（　　　　　　）和距离交会法。
10. 圆曲线主点有直圆点、（　　　　　　）和（　　　　　　）。

二、简答题（每题 5 分，共 10 分）

1. 水准仪水准管轴平行于视准轴的检验方法步骤：

2. 偶然误差的特性：

三、判断题（判错在括号内打"×"，判对打"√"，每题1分，共10分）

1. 静止的海水面向陆地和岛屿延伸而形成的闭合曲面称为大地水准面。（   ）
2. 为了消除水准管轴不平行于视准轴引起的误差和地球曲率的影响，在水准测量时要求仪器安置在前后视的等距离处。（   ）
3. 测量水平角时照准目标的方法是用十字丝的横丝尽量照准目标的顶部。（   ）
4. 直线 AB 的象限角是南东 26°46′20″，则其方位角为 153°13′40″。（   ）
5. 测量误差是在测量时工作不认真引起的。（   ）
6. 在 GPS 测量中，控制点之间不需要通视。（   ）
7. 在山地地形图上可以直接量出两点间的平距和间接求出其斜距。（   ）
8. 坡度线的测设方法有水平视线法和倾斜视线法两种。（   ）
9. 图上 0.1mm 的距离称为比例尺的精度。（   ）
10. 建筑物施工放样的点位精度要比地形测图测定建筑物的点位精度高。（   ）

四、名词解释（每题2分，共10分）

1. 绝对高程：

2. 视线高：

3. 直线方位角：

4. 施工测量：

5. 建筑基线：

五、单项选择题（选择正确的题号填在括号内，每题1分，共10分）

1. 微倾式水准仪的基本使用方法是粗平、照准、（   ）和读数。
   A. 精平　　　　　B. 整平　　　　　C. 目标　　　　　D. 水准尺
2. 在水准测量中，要求前、后视距离相等可以消除（   ）的误差。
   A. 读数误差　　　　　　　　　　　B. 水准管轴不平行视准轴

C. 气泡居中　　　　　　　　　　D. 立尺不直

3. 测回法测量中的观测限差有（　　）和半测回差。

　　A. 方向值之差　B. 测回差　　　C. 指标差之差　　D. 归零差

4. 清除视差的方法是用（　　）。

　　A. 微动螺旋　　B. 目镜对光螺旋　C. 微倾螺旋　　　D. 物镜对光螺旋

5. 平面控制测量的任务是求出各控制点的（　　）。

　　A. 坐标　　　　B. 高程　　　　C. 高差　　　　　D. 距离和水平角

6. 在地形测量中，碎部点要选择在确定地物、地貌形状的（　　）上。

　　A. 转折点　　　B. 交叉点　　　C. 圆心点　　　　D. 特征点

7. 已知一直线的坐标增量为 ΔX_{AB} 为负，ΔY_{AB} 为正，则该直线落在（　　）。

　　A. 第一象限　　B. 第二象限　　C. 第三象限　　　D. 第四象限

8. 确定地面点位置的基本要素是水平角（　　）和高程。

　　A. 水平距离　　B. 竖直角　　　C. 铅垂线　　　　D. 水准面

9. 测量水平角时尽量照准目标的（　　）。

　　A. 顶端　　　　B. 中部　　　　C. 底部　　　　　D. 二分之一高度

10. 导线角度闭合差调整的方法是反其符号按（　　）分配方法调整到各观测角上。

　　A. 角度大小成正比例　　　　　　B. 边长（或测站数）成正比例

　　C. 平均　　　　　　　　　　　　D. 各边高差大小

六、计算题（共 40 分）

1. 下图为一条等外闭合水准路线，已知数据和观测结果注于图上，试进行高差闭合差的调整和高程计算。（10 分）

$\dfrac{A}{85.362}$　　1.2km　　1　　1.0km　　2　　1.4km　　$\dfrac{B}{84.268}$

　　　　　　$h_1 = -2.216\text{m}$　　$h_2 = -0.210\text{m}$　　$h_3 = -1.368\text{m}$

闭合差的调整和高程计算表

点号	测段长 (km)	观测高差 (m)	高差改正数 (m)	改正后高差 (m)	高程 (m)	点号
总和						

$f_h =$　　　　　　　　　　$f_{h容} =$

2. 试完成下表竖直角测量记录计算。（5分）

测站	目标	竖盘位置	竖盘读数 (° ′ ″)	半测回角值 (° ′ ″)	竖盘指标差 (″)	一测回角值 (° ′ ″)	备注
A	B	左	86 42 18				国产 J_6 仪器
A	B	右	273 17 24				
A	C	左	93 42 30				
A	C	右	266 17 18				

3. 用钢尺往、返丈量 A、B 两点的倾斜距离，其结果为 40.368m 和 40.356m，A、B 两点高差为 -1.26m 计算 A、B 两点间水平距离和精度（相对误差）K。（5分）

4. 已知 AB 边的方位角为 $65°32′$，AB 边长 $D_{AB}=125.803$m，$D_{BC}=128.360$m，观测 B 点右角为 $126°16′48″$，$X_A=300.000$m，$Y_A=300.000$m. 求 B、C 点的坐标。（10分）

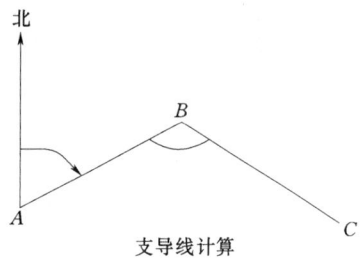

支导线计算

5. 如图，已知控制点 O、A、B 点坐标和 1、4 点的设计坐标，见下表数据，求出 2 点、3 点坐标填在表上及用直角坐标法测设 1 点、2 点的放样数据，并注记在图上。（10分）

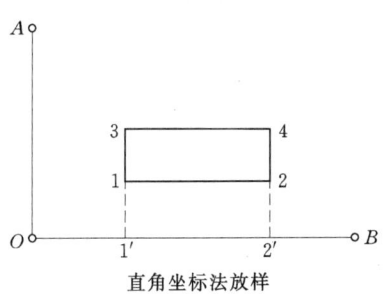

直角坐标法放样

点号	x	y
O	100	100
A	200	100
B	100	200
1	120	120
4	140	170
2		
3		

工程测量自测试题（C）

1. 整理下表水准测量外业记录。（10分）

测站编号	方向	立尺点号	水准尺中丝读数 （m）	高差 （m）	高程 （m）	备注
1	后视	A	1.653		88.418	已知高程
	前视	TP1	1.002			
2	后视	TP1	1.635			
	前视	TP2	1.426			
3	后视	TP2	1.028			
	前视	B	1.684			
校核计算	后视	Σa		$\Sigma h=$	$H_B - H_A =$	
	前视	Σb				

2. 在视距测量中，已知测站点的高程为85.660m，仪器高为1.50m，照准标尺读得下丝2.568m、上丝1.432m和中丝读数2.000m，竖直角为$-3°08'$，求仪器至立尺点间的水平距离、高差和立尺点地面高程。（10分）

3. 下表为一段线路纵断面水准测量数据，求出各桩点的地面高程。（10分）

测站	桩号	后视 （m）	前视 （m）	仪器视线高 （m）	中视 （m）	高程 （m）	备注
1	BM_1	1.658				96.254	已知
	0+000				1.55		
	0+100				1.58		
	0+200				1.38		
	TP1		1.236				
2	TP1	1.586					
	0+250				1.51		
	0+300				1.65		
	BM_2		1.238				已知高程 97.020m

高差闭合差：$f_h =$
容许高差闭合差：$f_{h容} =$

4. 下图为一条等外闭合水准路线，观测数据见图，试进行高差闭合差的调整和高程计算。（10 分）

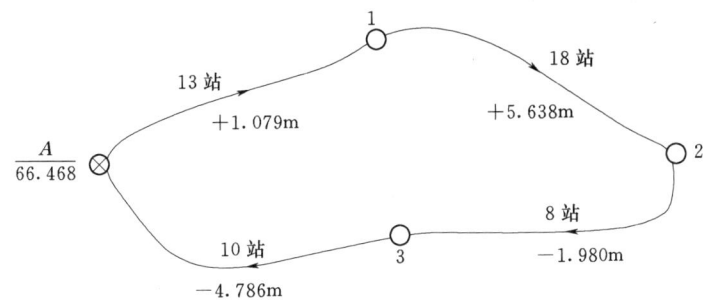

高差闭合差的调整和高程计算表

点号	测站数 n	观测高差（m）	高差改正数（m）	改正后高差（m）	高程（m）	点号
Σ						

高差闭合差：$f_h=$
容许高差闭合差：$f_{h容}=$

5. 在水平角测量中，盘左照准左方目标和右方目标读数分别为 $0°06'12''$ 和 $190°48'42''$，盘右照准右方和左方目标的读数分别为 $10°48'36''$ 和 $180°06'12''$。求上半测回和下半测回及一测回水平角值各为多少。（10 分）

6. 对 AB 边长用全站仪测量 4 次，其各观测值分别为 246.128m、246.125m、246.124m 和 246.131m，用下表求其平均值及其相对误差。（10 分）

观测次数	观测值（m）	改正数 V（mm）	V^2	辅助计算
Σ				

7. 支导线 ABC，已知 A 点坐标为 $x_A=500.000$m，$y_A=500.000$m，AB 边的方位角为 $50°28'36''$，边长 $AB=88.962$m，$BC=102.365$m，B 点观测角左角为 $102°32'42''$，求 B、C 点坐标。（10 分）

8. 如图所示，已知隧洞口 A、B 坐标和控制点 C、D 点坐标分别为 $X_A=500.000$m，$Y_A=500.000$m，$X_B=500.000$m，$Y_B=2350.663$m，$X_C=356.036$m，$Y_C=2220.562$m，$X_D=598.863$m，$Y_D=586.498$m，求确定隧洞中心线放样角 $\angle A$、$\angle B$。（10 分）

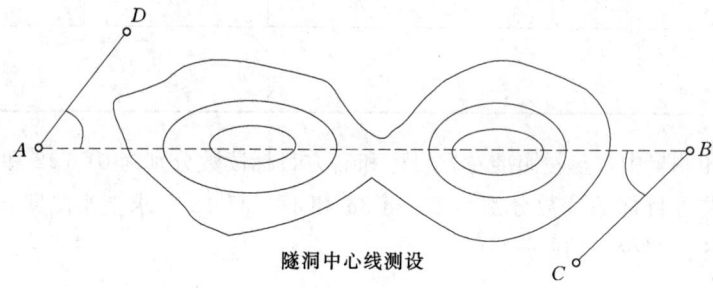

隧洞中心线测设

9. 在已知坡度线放样中,起点 A 的高程 $H_A=80.000\mathrm{m}$,设计的坡度 $i_{AB}=-1‰$,AB 平距为 30m,按间隔 10m 测设一个坡度桩。见下图所示,仪器安置在适当位置后,读得后视读数为 1.332m,求各桩的应读数是多少?(10 分)

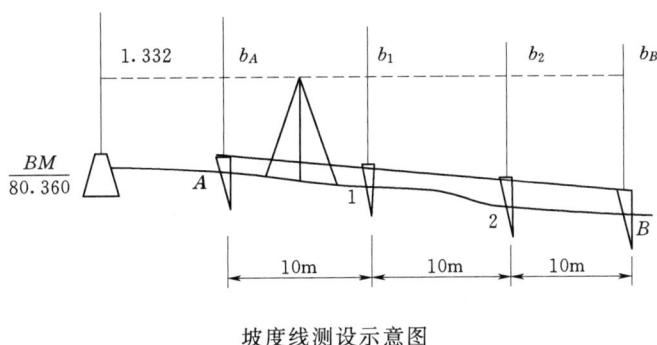

坡度线测设示意图

10. 已知 JD 的桩号为 $2+365.21$,测得右偏角为 $36°36'42''$,设计圆曲线半径 $R=100\mathrm{m}$,求各曲线要素和计算各主点桩号。(10 分)

工程测量自测试题（D）

一、单项选择题（每空1分，共30分）

1. 目前我国采用的高程基准是（　　）。
   A. 1956年黄海高程　　　　　　　B. 1965年黄海高程
   C. 1985年黄海高程　　　　　　　D. 1995年黄海高程

2. 在半径为10km的圆面积之内进行测量时，不能将水准面当作水平面看待的是（　　）。
   A. 距离测量　　B. 角度测量　　C. 高程测量　　D. 以上答案都不对

3. 测量工作的基准线是（　　）。
   A. 铅垂线　　　B. 水平线　　　C. 切线　　　　D. 离心力方向线

4. 水准测量时，为了消除 i 角误差对一测站高差值的影响，可将水准仪置在（　　）处。
   A. 靠近前尺　　　　　　　　　　B. 前、后视距相等
   C. 靠近后尺　　　　　　　　　　D. 无所谓

5. 附合水准路线高差闭合差的计算公式为（　　）。
   A. $f_h = h_{往} - h_{返}$　　　　　　　B. $f_h = \sum h$
   C. $f_h = \sum h - (H_{终} - H_{始})$　　D. $f_h = H_{终} - H_{始}$

6. 转动三个脚螺旋使水准仪圆水准气泡居中的目的是（　　）。
   A. 使视准轴平行于管水准轴　　　B. 使视准轴水平
   C. 使仪器竖轴平行于圆水准轴　　D. 使仪器竖轴处于铅垂位置

7. 当经纬仪竖轴与目标点在同一竖面时，不同高度的水平度盘读数（　　）。
   A. 相等　　　　　　　　　　　　B. 不相等
   C. 盘左相等，盘右不相等　　　　D. 盘右相等，盘左不相等

8. 测量竖直角时，采用盘左、盘右观测，其目的之一是可以消除（　　）误差的影响。
   A. 对中　　　　　　　　　　　　B. 视准轴不垂直于横轴
   C. 整平　　　　　　　　　　　　D. 指标差

9. 在全圆测回法中，同一测回不同方向之间的2C值为 $-18''$、$+2''$、$0''$、$+10''$，其2C互差应为（　　）。
   A. $-18''$　　B. $-6''$　　C. $1.5''$　　D. $28''$

10. 为方便钢尺量距工作，有时要将直线分成几段进行丈量，需要将中间分段点定在直线上，这项工作称为（　　）。
    A. 定向　　　B. 直线定线　　C. 定段　　　D. 定标

11. 已知直线 AB 的坐标方位角为186°，则直线 BA 的坐标方位角为（　　）。
    A. 96°　　　B. 276°　　　C. 86°　　　D. 6°

12. 过地面上某点的真子午线方向与中央子午线方向常不重合，两者之间的夹角称为（　　）。
    A. 中央线收敛角　　　　　　　　B. 子午线收敛角

  C. 磁偏角   D. 子午线偏角

13. 电磁波测距的基本原理是（　　）（说明：c 为光速，t 为时间差，D 为空间距离）。

  A. $D=ct$ B. $D=\dfrac{1}{2}ct$ C. $D=\dfrac{1}{4}ct$ D. $D=2ct$

14. 经纬仪对中误差属（　　）。

  A. 偶然误差   B. 系统误差   C. 中误差   D. 容许误差

15. 衡量一组观测值的精度的指标是（　　）。

  A. 允许误差   B. 系统误差   C. 偶然误差   D. 中误差

16. 一条直线分两段丈量，它们的中误差分别为 m_1 和 m_2，该直线丈量的中误差为（　　）。

  A. $m_1^2+m_2^2$ B. $m_1^2 m_2^2$ C. $\sqrt{m_1^2+m_2^2}$ D. m_1+m_2

17. 导线测量的外业工作是（　　）。

  A. 选点、测角、量边   B. 埋石、造标、绘草图

  C. 距离丈量、水准测量、角度   D. 测水平角、测竖直角、测斜距

18. 导线全长闭合差 f_D 的计算公式是（　　）。

  A. $f_D=f_X+f_Y$ B. $f_D=f_X-f_Y$

  C. $f_D=\sqrt{f_X^2+f_Y^2}$ D. $f_D=\sqrt{f_X^2-f_Y^2}$

19. 四等水准测量中，前后视距差的累积值，不能超过（　　）。

  A. 3m   B. 5m   C. 6m   D. 10m

20. 四等水准测量中，平均高差的计算公式是（　　）。

  A. （黑面高差＋红面高差）/2

  B. ［黑面高差＋（红面高差±0.1m）］/2

  C. ［黑面高差＋（红面高差＋0.1m）］/2

  D. ［黑面高差＋（红面高差－0.1m）］/2

21. 全站仪由光电测距仪、电子经纬仪和（　　）组成。

  A. 电子水准仪   B. 坐标测量仪   C. 读数感应仪   D. 数据处理系统

22. 全站仪测量点的高程的原理是（　　）。

  A. 水准测量原理   B. 导线测量原理

  C. 三角测量原理   D. 三角高程测量原理

23. 在用全站仪进行点位放样时，若棱镜高和仪器高输入错误，（　　）放样点的平面位置。

  A. 影响   B. 不影响

  C. 盘左影响，盘右不影响   D. 盘左不影响，盘右影响

24. 等高距是两相邻等高线之间的（　　）。

  A. 高程之差   B. 平距   C. 间距   D. 斜距

25. 在一张图纸上等高距不变时，等高线平距与地面坡度的关系是（　　）。

  A. 平距大则坡度小   B. 平距大则坡度大

163

C. 平距大则坡度不变　　　　　D. 平距值等于坡度值

26. 当视线倾斜进行视距测量时,水平距离的计算公式是(　　)。
   A. $D=Kn+C$　　　　　　　B. $D=Kn\cos\alpha$
   C. $D=Kn\cos^2\alpha$　　　　　D. $D=Kn\sin\alpha$

27. 按桩距在曲线上设桩,通常有两种方法,即(　　)和整桩距法。
   A. 零桩距法　　B. 倍桩距法　　C. 整桩号法　　D. 零桩号法

28. 若某圆曲线的切线长为35m,曲线长为66m,则其切曲差为(　　)。
   A. 29m　　　　B. -29m　　　　C. 2m　　　　D. 4m

29. GPS工作卫星,均匀分布在(　　)个轨道上。
   A. 4　　　　　B. 5　　　　　C. 6　　　　　D. 7

30. GPS目前所采用的坐标系统是(　　)。
   A. WGS-72系　　B. WGS-84系　　C. C80系　　D. P54系

二、判断题（每题1分,共20分）

1. 测量学按其研究的范围和对象的不同,一般可分为：普通测量学、大地测量学、工程测量学、摄影测量学、制图学。(　　)

2. 在高斯3°投影带中,带号为N的投影带的中央子午线的经度L_0的计算公式是$L_0=3N$。(　　)

3. 确定地面点位置的三要素是水平距离、水平角和高差。(　　)

4. 测量工作的基准线是铅垂线。(　　)

5. 水准测量中要求前后视距离相等,其目的是为了消除圆水准轴不平行于竖轴的误差影响。(　　)

6. 消除视差的方法是反复交替调节目镜及物镜对光螺旋使十字丝和目标影像清晰。(　　)

7. 经纬仪视准轴检验和校正的目的是使视准轴平行于水准管轴。(　　)

8. 经纬仪安置时,整平的目的是使仪器的竖轴位于铅垂位置,水平度盘水平。(　　)

9. 在全圆测回法的观测中,同一盘位起始方向的两次读数之差称为2C互差。(　　)

10. 精密钢尺量距,一般要进行的三项改正是尺长改正、温度改正和倾斜改正。(　　)

11. 经纬仪对中误差属系统误差。(　　)

12. 导线的坐标增量闭合差调整后,应使纵、横坐标增量改正数之和等于纵、横坐标增值量闭合差,其符号相同。(　　)

13. 四等水准测量中,平均高差的计算公式是［黑面高差＋（红面高差±0.1m）］/2。(　　)

14. 根据全站仪坐标测量的原理,在测站点瞄准后视点后,方向值应设置为测站点至后视点的方位角。(　　)

15. 一组闭合的等高线是山丘还是盆地,可根据高程注记和示坡线来判断。(　　)

16. 四等水准测量中,同一站同一水准尺的红、黑面中丝读数差,不能超过±5mm。(　　)

17. 测设的基本工作包括水平角测量、水平距离测量和高差测量。(　　)

18. 坐标方位角是以坐标纵轴方向为标准方向，顺时针转到该直线的水平角。（　　）
19. 圆曲线元素有设计半径、水平角、曲线长、切线长和外矢距。（　　）
20. 在一张图纸上等高距不变时，等高线平距与地面坡度的关系是平距大则坡度大。（　　）

三、填空题（每题2分，共20分）

1. 三等水准测量的测站观测程序是（　　　　　　）。
2. 水准测量中，同一测站，当后尺读数大于前尺读数时说明后尺点（　　　　　　）于前视点。
3. 平面控制测量的任务是求出控制点的（　　　　　　）。
4. 经纬仪对中的目的是使水平度盘的中心与地面点在同一（　　　　　　）上。
5. 钢尺检定后，给出的尺长变化的函数式，通常称为（　　　　　　）。
6. 在测量中常用的标准方向有真子午线方向、（　　　　　　）和坐标轴纵向。
7. 测量误差分为系统误差和（　　　　　　）。
8. 导线点属于（　　　　　　）控制点。
9. 全站仪的主要技术指标有测角精度和（　　　　　　）。
10. 在同一幅地形图上绘图的基本等高距（　　　　　　）。

四、计算题（每题3分，共30分）

1. 已知 BM_1、BM_2 点高程为 85.038m 和 82.863m，测得 $BM_1 \to A$，$A \to B$，$B \to C$，$BM_2 \to C$ 各两点间高差为 1.147m、2.478m、−4.586m 和 1.256m，则高差闭合差是（　　　　　　）。
2. 在全圆测回法中，某目标正、倒读数分别为 $194°49'48''$ 和 $14°50'12''$，则视准轴误差 C 值为（　　　　　　）。
3. 往返丈量直线 AB 的长度为：$D_{AB}=99.990m$，$D_{BA}=100.010m$，其相对误差为（　　　　　　）。
4. 已知直线 AB 的坐标方位角 $\alpha_{AB}=325°15'40''$，则直线 BA 的坐标方位角 α_{BA} 为（　　　　　　）。
5. 丈量某正方形的边长为 $a=26\pm0.003m$，则正方形周长中误差是（　　　　　　）。
6. 已知 A 点坐标为 $X_A=500.000m$，$Y_A=500.000m$，AB 的坐标方位角为 $136°30'26''$，AB 距离为 120.000m，则其 B 点坐标为（　　　　　　）。
7. 在三角高程测量中，已知 A 点高程为 90.30m，AB 边距离为 250.36m，仪器在 A 点，仪器高为 1.50m，照准 B 点目标高为 1.5m，测得竖直角为 $6°30'18''$，则 AB 两点高差为（　　　　　　）。
8. 已知闭合导线 $ABCA$，算得横坐标增量是 ΔY_{AB}、ΔY_{BC}、ΔY_{CA} 是 +86.34m、−63.68m、−22.63m，则横坐标增量闭合差为（　　　　　　）。
9. 已知 AB 点坐标分别为 A（300，200），B（380，200），则 AB 直线方位角为（　　　　　　）。
10. 某圆曲线设计半径为 500.00m，左转角为 $37°34'$，则切线长度为（　　　　　　）。

工程测量自测试题（E）

一、单项选择题（每空1分，共30分）

1. 地面点到大地水准面的垂直距离称为该点的（　　）。
   A. 相对高程　　B. 绝对高程　　C. 高差　　D. 差距

2. 地面点的空间位置是用（　　）来表示的。
   A. 地理坐标　　B. 平面直角坐标　　C. 坐标和高程　　D. 假定坐标

3. 相对高程的起算面是（　　）。
   A. 水平面　　B. 大地水准面　　C. 任意水准面　　D. 大地水平面

4. 在高斯6°投影带中，带号为 N 的投影带的中央子午线的经度 L_0 的计算公式是（　　）。
   A. $L_0=6N$　　B. $L_0=3N$　　C. $L_0=6N-3$　　D. $L_0=3N-3$

5. 测量上所选用的平面直角坐标系，规定 X 轴正向指向（　　）。
   A. 东方向　　B. 南方向　　C. 西方向　　D. 北方向

6. 在6°高斯投影中，我国为了避免横坐标出现负值，故规定将坐标纵轴向西平移（　　）公里。
   A. 100　　B. 300　　C. 500　　D. 700

7. 视线高等于（　　）＋后视点读数。
   A. 后视点高程　　B. 转点高程　　C. 前视点高程　　D. 仪器点高程

8. 在水准测量中转点的作用是传递（　　）。
   A. 方向　　B. 角度　　C. 距离　　D. 高程

9. 水准测量时，为了消除 i 角误差对一测站高差值的影响，可将水准仪置在（　　）处。
   A. 靠近前尺　　　　　　　　B. 前、后视距相等
   C. 靠近后尺　　　　　　　　D. 无所谓

10. 产生视差的原因是（　　）。
    A. 仪器校正不完善　　　　　B. 物像与十字丝面未重合
    C. 十字丝分划板不正确　　　D. 目镜呈像错误

11. 高差闭合差的分配原则是按（　　）成正比例进行分配。
    A. 测站数　　B. 高差的大小　　C. 距离　　D. 测段距离或测站数

12. 自动安平水准仪的特点是（　　）使视线水平。
    A. 用安平补偿器代替照准部　　B. 用安平补偿器代替圆水准器
    C. 用安平补偿器代替脚螺旋　　D. 用安平补偿器代替管水准器

13. 当光学经纬仪的望远镜上下转动时，竖直度盘（　　）。
    A. 与望远镜一起转动　　　　B. 与望远镜相对转动
    C. 不动　　　　　　　　　　D. 有时一起转动，有时相对转动

14. 用经纬仪观测水平角时，尽量照准目标的底部，其目的是为了消除（　　）误差对测角的影响。
    A. 对中　　B. 照准　　C. 目标偏离中心　　D. 整平

15. 测定一点竖直角时，若仪器高不同，但都瞄准目标同一位置，则所测竖直角（　　）。

A. 相同 B. 不同
C. 盘左相同，盘右不同 D. 盘右相同，盘左不同

16. 为方便钢尺量距工作，有时要将直线分成几段进行丈量，需要将中间分段点定在直线上，这项工作称为（　　）。
    A. 定向　　　B. 直线定线　　　C. 定段　　　D. 定标

17. 过地面上某点的真子午线方向与磁子午线方向常不重合，两者之间的夹角，称为（　　）。
    A. 真磁角　　B. 真偏角　　C. 磁偏角　　D. 子午线偏角

18. 在测距仪及全站仪的仪器说明上的标称精度，常写成 $\pm(A+B\cdot D)$，其中，B 称为（　　）。
    A. 固定误差　　B. 固定误差系数　　C. 比例误差　　D. 比例误差系数

19. 下列误差中（　　）为偶然误差。
    A. 照准目标误差和读数误差　　B. 横轴误差和指标差
    C. 视准轴误差　　D. 水准管轴误差

20. 衡量一组观测值的精度的指标是（　　）。
    A. 允许误差　　B. 系统误差　　C. 偶然误差　　D. 中误差

21. 导线的布设形式有（　　）。
    A. 一级导线、二级导线、图根导线　　B. 单向导线、往返导线、多边形导线
    C. 闭合导线、附合导线、支导线　　D. 经纬仪导线、电磁波导线、视距导线

22. 附合导线的转折角，一般用（　　）法进行观测。
    A. 测回法　　B. 红黑面法　　C. 三角高程法　　D. 二次仪器高法

23. 导线的角度闭合差的调整方法是将闭合差反符号后（　　）。
    A. 按角度大小成正比例分配　　B. 按角度个数平均分配
    C. 按边长成正比例分配　　D. 按边长成反比例分配

24. 四等水准测量中，前后视距差的累积值，不能超过（　　）。
    A. 3m　　B. 5m　　C. 6m　　D. 10m

25. 用全站仪进行距离或坐标测量前，需设置正确的大气改正数，设置的方法可以是直接输入测量时的气温和（　　）。
    A. 气压　　B. 湿度　　C. 海拔　　D. 风力

26. 全站仪测量点的高程的原理是（　　）。
    A. 水准测量原理　　B. 导线测量原理　　C. 三角测量原理　　D. 三角高程测量原理

27. 全站仪的主要技术指标有测角精度和（　　）。
    A. 最小测程　　B. 缩小倍率
    C. 自动化和信息化程度　　D. 测距精度

28. 等高距是两相邻等高线之间的（　　）。
    A. 高程之差　　B. 平距　　C. 间距　　D. 斜距

29. 两不同高程的点，其坡度应为两点（　　）之比，再乘以 100%。
    A. 高差与其平距　　B. 高差与其斜距

C. 平距与其斜距　　　　　　D. 斜距与其高差

30. GPS 主要由三大部分组成，即空间星座部分、地面监控部分和（　　）部分。

A. 用户设备　　B. GPS 时间　　C. GPS 发射　　D. GPS 卫星

二、判断题（每题 1 分，共 20 分）

1. 绝对高程的起算面是任意水准面。（　　）

2. 测量上所选用的平面直角坐标系，规定 X 轴正向指向东方向。（　　）

3. 组织测量工作应遵循的原则是：布局上从整体到局部，精度上由高级到低级，工作次序上先碎部后控制。（　　）

4. 往返水准路线高差平均值的正负号是以往测高差的符号为准。（　　）

5. 转动目镜对光螺旋的目的是看清十字丝。（　　）

6. 在经纬仪照准部的水准管检校过程中，大致整平后使水准管平行于一对脚螺旋，把气泡居中，当照准部旋转 180° 后气泡不居中，说明水准管轴不垂直于仪器竖轴。（　　）

7. 测量竖直角时，采用盘左、盘右观测，其目的之一是可以消除视准轴不垂直于横轴误差的影响。（　　）

8. 在距离丈量中衡量精度的方法是用相对误差。（　　）

9. 坐标方位角是以坐标纵轴方向为标准方向，顺时针转到该直线的水平角。（　　）

10. GPS 卫星中所安装的时钟是原子钟。（　　）

11. 在一张图纸上等高距不变时，等高线平距与地面坡度的关系是平距大则坡度大。（　　）

12. 在用全站仪进行角度测量时，若不输入棱镜常数和大气改正数，不影响所测角值。（　　）

13. 渠道测量的外业工作包括选线、导线测量、纵横断面测绘、土方计算和边坡放样。（　　）

14. 圆曲线元素有设计半径、水平角、曲线长、切线长和外矢距。（　　）

15. 等高距是两相邻等高线之间的平距。（　　）

16. 比例尺精度是 0.1 倍比例尺的分母。（　　）

17. 导线测量的外业工作是测角和量边。（　　）

18. 空间直角坐标系坐标采用 X、Y 和 H 来表示。（　　）

19. 我国的高程系统有北京 54 和西安 80。（　　）

20. 高程测量的方法有水准测量和三角高程测量。（　　）

三、填空题（每题 2 分，共 20 分）

1. 导线坐标增量闭合差的调整方法是将闭合差反符号后与边长成（　　　　）分配。

2. 目前我国采用的高程基准是（　　　　）国家高程基准。目前我国采用的全国统一坐标系是（　　　　）国家大地坐标系。

3. 水准面的特性是处处与（　　　　）垂直。

4. 在使用微倾水准仪测量高差时，需调（　　　　）螺旋，使符合水准气泡影像符合才能读数。

5. 当经纬仪照准同一竖面内不同高度两点，水平度盘读数（　　　　）。

6. 平面控制测量的任务是求出控制点的（　　　　　　）。

7. GPS监控系统，主要由分布在全球的五个地面站组成，按其功能分为主控站、监测站和（　　　　　　）。

8. 地理坐标系采用（　　　）表示。

9. 全站仪由光电测距仪、电子经纬仪和（　　　　　）组成。

10. 三等水准测量的测站观测顺序是（　　　　　　）。

四、计算题（每题3分，共30分）

1. 已知某点在高斯3°投影带中，带号 $N=40$，其投影带的中央子午线的经度是（　　　　　）。

2. 已知 A 点高程是88.250m，水准仪在照准 A、B 两点，中丝读数分别为1.268m和1.860m，则视线高为（　　　　　　　）。

3. 在经纬仪水平角观测中，若某个角需要观测4个测回，则第3测回盘左照准左方目标时水平度盘读数应设置为（　　　　　　）。

4. 在测回法测角中盘左照准 A、B 目标读数分别为0°06′12″和186°32′36″，倒镜时照准 B、A 目标读数分别为6°32′48″和180°06′06″，则一测回角值为（　　　　　　　）。

5. 已知闭合水准路线 $ABCA$，测得各段高差分别为+3.542m、-2.187m、-1.338m，则高差闭合差为（　　　　　　）。

6. 对一水平角观测4测回，求得一测回测角中误差为±8″，则该角的平均值中误差是（　　　　　　）。

7. 测量导线 A、B、C 三点，已知 BA 边方位角为305°08′30″，测出 B 点右角为68°30′12″，则 BC 边方位角为（　　　　　　）。

8. 求得一导线的纵、横坐标增量闭合差为+4cm和-3cm，导线全长为500m，则导线全长相对闭合差为（　　　　　　　）。

9. 已知闭合导线 $ABCA$，算得横坐标增量是 ΔY_{AB}、ΔY_{BC}、ΔY_{CA} 是-86.345m、+63.68m、+22.63m，则横坐标增量闭合差为（　　　　　　）。

10. 某圆曲线设计半径为350.00m，右转角为26°52′，则外矢距为（　　　　　）。

（二）自测试题部分答案

工程测量自测试题（A）

一、填空题（略）

二、简答题（略）

三、判断题

1. ×，2. √，3. ×，4. ×，5. ×，6. ×，7. ×，8. ×，9. √，10. √

四、名词解释（略）

五、单项选择题

1. B，2. B，3. C，4. D，5. A，6. B，7. D，8. C，9. A，10. C

六、计算题

1. 高差闭合差的调整和高程计算

点号	高程（m）	点号	高程（m）
BM_1	88.068	BM_3	83.603
BM_2	84.482		

2. 水平角测量计算

上半测回角值：185°20′06″，下半测回角值：185°20′12″，一测回角值：185°20′09″

3. 水平距离 $D_{AB}=150.000$m，$K=1/3000$

4. $f_B=+24″$

改正后的各内角：∠A=84°29′36″，∠B=95°30′12″，∠C=86°25′00″，∠D=93°35′12″

各边方位角：BC 边=2°00′28″，CD 边=268°25′28″，DA 边=182°00′40″，AB 边=86°30′16″

5. AB 边方位角=225°00′00″，AP 边方位角=315°00′00″

放样角：β=90°00′00″；放样距离：$D_{AP}=28.465$m

工程测量自测试题（B）

一、填空题（略）

二、简答题（略）

三、判断题

1.×，2.√，3.×，4.√，5.×，6.√，7.√，8.√，9.×，10.√

四、名词解释（略）

五、单项选择题

1.A，2.B，3.B，4.D，5.A，6.D，7.B，8.A，9.C，10.C

六、计算题

1. 闭合差的调整和高程计算

点号	高程（m）	点号	高程（m）
A	85.362	2	82.914
1	83.134	B	84.268

$f_h=84.304-84.268=0.036$（m）　　　　$f_{h容}=\pm76$mm

2. 竖直角测量记录计算

一测回竖直角：B 目标=+3°17′33″

C 目标=−3°42′36″

3. A、B 两点间水平距离=40.362m，精度：$K=1/3400$

4. AB 边的方位角为 65°32′，BC 边的方位角为 119°15′12″

$X_B=352.103$mm，$Y_B=414.606$m，$X_C=289.377$m，$Y_C=526.596$m

5.

点号	x	y	点号	x	y
2	120	170	3	140	120

工程测量自测试题（C）

1. 整理下表水准测量外业记录

立尺点号	高程（m）	立尺点号	高程（m）
A	88.418	TP2	89.278
TP1	89.069	B	88.622

2. 水平距离＝113.26m
高差＝－6.20＋1.50－2.00＝－6.70（m）
立尺点地面高程＝78.96m

3. 各桩点的地面高程

桩号	高程（m）	桩号	高程（m）
BM_1	96.254	TP1	96.676
0＋000	96.36	0＋250	96.75
0＋100	96.33	0＋300	96.61
0＋200	96.53		

4. 高差闭合差：f_h＝－0.049m，容许高差闭合差：$f_{h容}$＝±84m

点号	高程（m）	点号	高程（m）
A	66.468	2	73.216
1	67.560	3	71.244

5. 上半测回水平角值＝190°42′30″
下半测回水平角值＝190°42′24″
一测回水平角值＝190°42′27″

6. 平均值：x＝246.127m
观测值中误差：m＝±3.2mm
平均值中误差：M＝±1.6mm
精度：K＝1/153800

7. AB边的方位角＝50°28′36″
BC边的方位角＝333°01′18″
X_B＝556.615m，y_B＝568.622m
X_C＝556.615＋91.225m，y_C＝568.622－46.438＝522.184（m）

8. AB 边的方位角 $=90°00'00''$，AD 边的方位角 $=41°11'01''$

BC 边的方位角 $=222°06'15''$，放样角：$\angle A=48°48'59''$，$\angle B=47°53'45''$

9. 视线高：$H_i=80.360+1.332=81.692$

各桩高程计算：$H_1=79.900$，$H_2=79.800$，$H_B=79.700$

各桩应读数：

$b_A=81.692-80.000=1.692$

$b_1=81.692-79.900=1.792$

$b_2=81.692-79.800=1.892$

$b_B=81.692-79.700=1.992$

10. 切线长：$T=33.08$，曲线长：$L=63.90$，外矢距：$E=5.33$，切曲差：$D=2.26$

各主点桩号：$ZY(2+332.13)$，$QZ(2+364.08)$，$YZ(2+396.03)$

工程测量自测试题（D）

一、单项选择题

1. C，2. C，3. A，4. B，5. C，6. D，7. A，8. D，9. D，10. B，11. D，12. D，13. B，14. A，15. D，16. C，17. A，18. C，19. D，20. B，21. D，22. D，23. B，24. A，25. A，26. C，27. C，28. D，29. C，30. B

二、判断题

1. √，2. √，3. √，4. √，5. ×，6. √，7. ×，8. √，9. ×，10. √，11. ×，12. ×，13. ×，14. √，15. √，16. ×，17. ×，18. √，19. ×，20. ×

三、填空题（略）

四、计算题

1. -0.042m，2. $-12''$，3. $1/5000$，4. $145°15'40''$，5. ± 0.012m，6. （412.94m，582.59m），7. 28.55m，8. $+0.3$m，9. $0°$，10. 170.05m

工程测量自测试题（E）

一、单项选择题

1. B，2. C，3. C，4. C，5. D，6. C，7. A，8. D，9. B，10. B，11. D，12. D，13. A，14. C，15. B，16. B，17. C，18. D，19. A，20. D，21. C，22. A，23. B，24. D，25. A，26. D，27. D，28. A，29. A，30. A

二、判断题

1. ×，2. ×，3. ×，4. √，5. √，6. √，7. √，8. √，9. √，10. √，11. ×，12. √，13. ×，14. ×，15. ×，16. ×，17. ×，18. ×，19. ×，20. √

三、填空题（略）

四、计算题

1. $120°$，2. 89.518m，3. $90°$，4. $186°26'33''$，5. $+17$mm，6. $\pm 4''$，7. $236°38'18''$，8. $1/1000$，9. -0.03m，10. 9.85m

第六部分 附录 用 Casio fx-4800 计算器编程示例

一、用 Casio fx-4800 计算器编程进行单一图根水准路线的近似平差计算

《城市测量规范》(CJJ 8—99) 规定,一、二、三、四等水准网应采用严密平差计算获得水准点的高程,近似平差只适用于图根水准路线。在图根水准测量中,各路线高差闭合差的容许值,在平坦地区为:

$$f_{h容} = \pm 40\sqrt{L} \quad (\text{mm}) \tag{6-1}$$

式中:L 为以 km 为单位的路线长。

在山地,每千米水准测量的站数超过 16 站时,为:

$$f_{h容} = \pm 12\sqrt{n} \quad (\text{mm}) \tag{6-2}$$

式中:n 为水准测量路线的测站数。

高级点间附合路线或闭合环线长度不得大于 8km,节点间路线长度不得大于 6km,支线长度不得大于 4km。

1. 数学模型

对于单一附合或闭合水准路线,设路线闭合差为:

$$f = \sum_{i=1}^{m} h_i - \sum h_{理论} \tag{6-3}$$

对于单一闭合水准路线,式 (6-3) 中的 $\sum h_{理论} = 0$;对于单一附合水准路线,式 (6-3) 中的 $\sum h_{理论} = H_{终点} - H_{起点}$。

闭合差的分配原则是,反号按测站数 n_i 或路线长 L_i(单位 km)比例分配,也即各段高差观测的改正数 V_i 的计算公式为:

$$V_i = -f\frac{n_i}{n} \left(或\ V_i = -f\frac{L_i}{L} \right) \tag{6-4}$$

式中:n 为路线的总测站数(L 为路线的总长)。改正后的高差为:

$$\hat{h}_i = h_i + V_i \tag{6-5}$$

2. 程序与案例

(1) 变量对照表(表 6-1)。

表 6-1   变量对照表

数学模型变量	fx-4800P 变量	单位	注释
H_A	A	m	起始点高程
H_B	B	m	终止点高程
i	N		测段计数
h_i	C, Z [2N]	m	观测高差
L_i 或 n_i	K, Z [2N−1]	km 或站数	测段路线长或测站数
f	F	m	路线闭合差
	G		待求点高程
	P		P=1 代表平坦,其余数代表山地
	D		未知水准点的数量

(2) 程序。

程序名：SZJS

P；D；A；B；Defm 8

D=D+1；N=0；F=0；M=0

Lbl 0

N=N+1

{CK}

Z [2N−1] =C；F=F+C

Z [2N] =K；M=M+K

N<D⇒ Goto 0◢

P=1⇒W=0.04 $\sqrt{M}$；≠⇒W=0.012 $\sqrt{M}$◢

F=F+A−B◢

Abs F<W⇒F=−F÷M；≠⇒Goto E◢

N=0；G=A

Lbl 1

N=N+1◢ G=G+Z [2N−1] +FZ [2N] ◢

N<D⇒ Goto 1◢

G−B◢

Lbl E

提示：

1) 程序中命令 Defm 8 是按 3 个未知水准点设置，计算时要根据实际的未知水准点个数进行修改。如未知水准点个数为 n，则应将其修改为数值 2 (n+1)。

2) 上述案例为单一附合水准路线，若为单一闭合水准路线，则只需要将路线终点高程输入为路线起点高程即可。

3) P 输入 1 为平坦地区水准测量，此时 K 输入的数值为测段路线长；P 输入为其余任意数时为山地水准测量，此时 K 输入的数值为测段的测站数。

3. 案例与操作步骤

【例 6-1】 图 6-1 为按图根水准测量要求施测的某附合水准路线观测成果略图。$BM—A$ 和 $BM—B$ 为已知高程的水准点，图中箭头表示水准测量前进方向，路线上方的数字为测得的两点间的高差（以 m 为单位），路线下方数字为该段路线的长度（以 km 为单位），试用近似平差法计算待定点 1、2、3 点的高程。

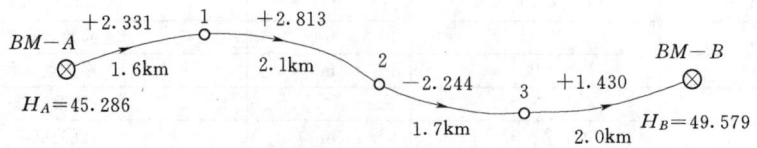

图 6-1 附合水准路线略图

全部计算按式 (6-3)、式 (6-4)、式 (6-5) 在表 6-2 中进行，编程原理按照表格中的计算顺序进行。

第六部分 附录 用Casio fx-4800计算器编程示例

表6-2　　　　　　　　　　　图根水准测量的成果处理

点 名	路线长 L_i (km)	观测高差 h_i (m)	改正数 V_i (m)	改正后高差 $\hat{h}_i$ (m)	高 程 H (m)
BM—A					45.286
	1.6	+2.331	−0.008	2.323	
1					47.609
	2.1	+2.813	−0.011	−2.802	
2					50.411
	1.7	−2.244	−0.008	−2.252	
3					48.159
	2.0	+1.430	−0.010	+1.420	
BM—B					49.579
Σ	7.4	+4.330	−0.037	+4.293	

将上述程序以SZJS的文件名输入计算器后，按键 MODE 5 2 及 ▽ 选择程序SZJS，按键 EXE，屏幕提示及操作步骤如表6-3所示。

表6-3　　　　　　　　　　　操 作 步 骤

步骤	显 示	按 键	注 释
1	P?×××	1 EXE	输入水准路线类型
2	D?×××	3 EXE	输入未知高程点数量
3	A?×××	45.286 EXE	路线起点高程
4	B?×××	49.579 EXE	路线终点高程
5	C?×××	2.331 EXE	测段高差
6	K?×××	1.6 EXE	测段路线长或测站数
7	C? 2.331	2.813 EXE	
8	K? 1.6	2.1 EXE	
9	C? 2.813	−2.244 EXE	
10	K? 2.1	1.7 EXE	
11	C? −2.244	1.430 EXE	
12	K? 1.7	2.0 EXE	
13	F=0.037	EXE	路线闭合差
14	N=1	EXE	点号
15	G=47.609	EXE	高程
16	N=2	EXE	点号
17	G=50.4115	EXE	高程
18	N=3	EXE	点号
19	G=48.159	EXE	高程
20	N=4	EXE	点号
21	N=49.579	EXE	高程
22	G−B=0	EXE	检核计算结果

二、用 Casio fx-4800 计算器编程进行坐标正算和坐标反算

坐标正算指的是已知两点间的水平距离和方位角,计算两点间的坐标增量的过程。若已知一点的坐标,就能求的另一点的坐标。

坐标反算指的是已知两点坐标(或坐标增量),计算两点间的水平距离和方位角的过程。

坐标正、反算既可以用计算器上的直角坐标和极坐标转换功能完成,也可以用 Casio fx-4800P 计算器编制程序来实现。

1. 数学模型

(1) 坐标正算:已知 1 点坐标 (X_1、Y_1),1、2 两点间的水平距离 D_{12},方位角 α_{12}。则坐标增量为:

$$\Delta x_{12} = D_{12} \times \cos\alpha_{12} \quad (6-6)$$
$$\Delta y_{12} = D_{12} \times \sin\alpha_{12} \quad (6-7)$$

进而有

$$X_2 = X_1 + \Delta x_{12} \quad (6-8)$$
$$Y_2 = Y_1 + \Delta y_{12} \quad (6-9)$$

(2) 坐标反算:已知两点坐标 1 (X_1,Y_1)、2 (X_2,Y_2),坐标增量为 Δx_{12} 和 Δy_{12}。则两点间的水平距离为:

$$D_{12} = \sqrt{\Delta X^2 + \Delta Y^2} \quad (6-10)$$

方位角

$$\alpha_{12} = \arctan\frac{\Delta x}{\Delta y} \quad (6-11)$$

2. 程序与案例

(1) 程序。

1) 变量对照表,见表 6-4。

表 6-4 变量对照表

数学模型变量	fx-4800P 变量	单位	注 释
$X1$	X	m	1 点的 Z 坐标
$Y1$	Y	m	
$D12$	D12	m	边长
$\alpha 12$	A12	m	方位角
D_{12} 或 Δx_{12}	I	m	边长或纵坐标增量
α_{12} 或 Δy_{12}	J	m	方位角或横坐标增量

2) 坐标正算程序名:ZBZS

X "X1": Y "Y1": D "D12": A "A12"
Rec (D, A): I "DX": J "DY":
X=X+I: X "X2" ◢
Y=Y+J: Y "Y2"

3) 坐标反算程序名:ZBFS

X "X1": Y "Y1": U "X2": V "Y2"
G=U-X: H=V-Y

POI (G, H)：I ◢
J<0 ⇒ J=J+360 ◢

(2) 案例与操作步骤。

【例 6-2】　表 6-5 为坐标正、反算成果表，表中数值有下划线者为已知值。

表 6-5　　　　　　　　　　　　坐标正反算成果表

点号	边长 (m)	方位角 (° ′ ″)	坐标增量（m）		坐标（m）		点号
			Δx	Δy	x	y	
1			36.610	89.812	<u>87.852</u>	<u>374.339</u>	1
	<u>96.987</u>	<u>67　49　23</u>					
2			55.666	−37.709	124.462	464.151	2
	<u>67.236</u>	<u>325　53　07</u>					
3			−23.016	−116.898	180.127	426.442	3
	<u>121.105</u>	<u>259　02　39</u>					
4			30.185	127.050	<u>157.111</u>	<u>307.544</u>	4
	<u>130.587</u>	<u>76　38　07</u>					
5					<u>187.296</u>	<u>434.595</u>	5

操作步骤：

1) 坐标正算：将上述程序以 ZBZS 和 ZBFS 的文件名输入计算器后，按键  5 2 及 ▽ 选择程序 ZBZS，按键 [EXE]，屏幕提示及操作步骤如表 6-6 所示。

表 6-6　　　　　　　　　　　　操　作　步　骤

步骤	显　示	按　键	注　释
1	X1? ××	87.852 [EXE]	输入 1 点的 X 值
2	Y1? ××	374.339 [EXE]	输入 1 点的 Y 值
3	D12? ××	96.987 [EXE]	输入 1、2 点间的水平距离
4	A12? ××	67 [°′″] 49 [°′″] 23 [°′″] [EXE]	输入 1、2 点的方位角
5	DX? 36.609507	[EXE]	1、2 点间的坐标增量
6	DY? 89.812149	[EXE]	
7	X2 124.461507	[EXE]	2 点的坐标
8	Y2 464.151149	[EXE]	
9	X1? 124.461507	[EXE]	重现 2 点的坐标
10	Y1? 464.151149	[EXE]	
11	D12? 96.987000	67.236 [EXE]	输入 2、3 点间的水平距离
12	A12? 67.823056	325 [°′″] 53 [°′″] 07 [°′″] [EXE]	输入 2、3 点的方位角
13	DX? 55.665777	[EXE]	2、3 点间的坐标增量
14	DY? −37.709428	[EXE]	
15	X2 180.127284	[EXE]	3 点的坐标
16	Y2 426.441721	[EXE]	
	……		

2）坐标反算：将上述程序以 ZBZS 和 ZBFS 的文件名输入计算器后，按键 MODE 5 2 及 ▽ 选择程序 ZBFS，按键 EXE，屏幕提示及操作步骤如表 6-7 所示。

表 6-7　　　　　　　　　　　　　　操 作 步 骤

步骤	显　　示	按　键	注　释
1	X？××	180.127 EXE	输入 3 点的 X 值
2	Y？××	426.442 EXE	输入 3 点的 Y 值
3	U？××	157.111 EXE	输入 4 点的 X 值
4	V？××	307.544 EXE	输入 4 点的 Y 值
5	I？121.105205	EXE	3、4 点间的水平距
6	I 121.105205	EXE	确认 3、4 点间的水平距
7	J？−100.955681	EXE	3、4 点的方位角，小于 0 加 360
8	J＝259.044319	SHIFT ←	把十进制转换为（° ′ ″）
9	J＝259°02′39.55″	EXE	
10	X？180.127	157.111 EXE	输入 4 点的 X 值
11	Y？426.442	307.544 EXE	输入 4 点的 Y 值
12	U？157.111	187.296 EXE	输入 5 点的 X 值
13	V？307.544	434.595 EXE	输入 5 点的 Y 值
14	I？130.587483	EXE	4、5 点间的水平距
15	I 130.587483	EXE	确认 4、5 点间的水平距
16	J<0 ⇒ J＝J＋360　76.635347	SHIFT ←	4、5 点的方位角，转换为（° ′ ″）
17	J<0 ⇒ J＝J＋360　76°38′07.25″		
	……		

三、用 Casio fx-4800 计算器编程进行导线近似平差计算

导线分为钢尺量距导线和光电测距导线。《城市测量规范》（CJJ 8—99）规定，城市一、二、三级及图根导线可以采用近似平差计算获得未知点的平面坐标。见表 6-8～表 6-10。

表 6-8　　　　　　　　　　城市钢尺量距导线的主要技术要求

等级	附合环或附合导线长度（km）	平均边长（m）	往返丈量较差相对误差	测角中误差（″）	导线全长相对闭合差
一级	2.5	250	≤1/20000	≤±5	≤1/10000
二级	1.8	180	≤1/15000	≤±8	≤1/7000
三级	1.2	120	≤1/10000	≤±12	≤1/5000

第六部分 附录 用 Casio fx-4800 计算器编程示例

表 6-9　　　　　　　　　图根光电测距导线测量的技术要求

比例尺	附合导线长度（m）	平均边长（m）	导线相对闭合差	测回数 DJ$_6$	方位角闭合差（″）	测距 仪器类型	测距 方法与测回数
1:500	900	80	≤1/4000	1	≤±40$\sqrt{n}$	Ⅱ级	单程观测 1
1:1000	1800	150					
1:2000	3000	250					

注　n 为测站数。

表 6-10　　　　　　　　图根钢尺量距导线测量的技术要求

比例尺	附合导线长度（m）	平均边长（m）	导线相对闭合差	测回数 DJ$_6$	方位角闭合差（″）
1:500	500	75	1/2000	1	≤±60$\sqrt{n}$
1:1000	1000	120			
1:2000	2000	200			

注　n 为测站数。

1. 数学模型

对于单一的附合或闭合导线，其闭合差有三个，它们分别是角度闭合差 f_β，坐标闭合差 f_x、f_y，其计算公式对于闭合导线为：

$$f_\beta = \sum_{i=1}^{n}\beta_i - (n-2)\times 180 \tag{6-12}$$

$$f_x = \sum \Delta x_{ij} \tag{6-13}$$

$$f_y = \sum \Delta y_{ij} \tag{6-14}$$

对于附合导线为：

$$f_\beta = \alpha'_{终点已知边} - \alpha_{终点已知边} \tag{6-15}$$

$$f_x = \sum \Delta x_{ij} - (x_{终点} - x_{起点}) \tag{6-16}$$

$$f_y = \sum \Delta y_{ij} - (y_{终点} - y_{起点}) \tag{6-17}$$

式中：$\alpha'_{终点已知边}$ 为应用起点已知边的坐标方位角 $\alpha_{起点已知边}$ 和观测的导线水平夹角推算得到。导线相对闭合差 K 的计算公式为：

$$K = \frac{\sqrt{f_x^2 + f_y^2}}{\sum D} \tag{6-18}$$

角度闭合差 f_β 是按导线的水平角总数 n 反号平均分配，各角度改正数 V_i 的计算公式为：

$$V_i = \frac{-f_\beta}{n} \tag{6-19}$$

改正后的水平角为：

$$\hat{\beta}_i = \beta_i + V_i \tag{6-20}$$

坐标闭合差 f_x、f_y 则是按照各边长 D_{ij} 反号比例分配，各边长的坐标增量改正数 $V_{\Delta x_{ij}}$、$V_{\Delta y_{ij}}$ 的计算公式为：

$$\left. \begin{aligned} V_{\Delta x_{ij}} &= -\frac{D_{ij}}{\sum D} f_x \\ V_{\Delta y_{ij}} &= -\frac{D_{ij}}{\sum D} f_y \end{aligned} \right\} \tag{6-21}$$

改正后的坐标增量为：

$$\left. \begin{aligned} \Delta \hat{x}_{ij} &= \Delta x_{ij} + V_{\Delta x_{ij}} \\ \Delta \hat{y}_{ij} &= \Delta y_{ij} + V_{\Delta y_{ij}} \end{aligned} \right\} \tag{6-22}$$

2. 程序与案例

(1) 变量对照表。

表 6-11

数学模型变量	fx-4800P 变量	单位	注 释
	P		未知点点数
$\alpha_{起点已知边}$	A	° ′ ″	起点已知边坐标方位角
$\alpha_{终点已知边}$	B	° ′ ″	终点已知边坐标方位角
$x_{起点}$	I	m	起点坐标
$y_{起点}$	J	m	起点坐标
$x_{起点}$	K	m	终点坐标
$y_{起点}$	L	m	终点坐标

(2) 程序。

程序名：DXJS

P：A：B：I：J：K：L：Defm 12
P=P+2：N=0：M=A
W=60√P÷3600
Lbl 0
N=N+1
{C}
Z [2N-1] =C：M=M+C
M>180⇒M=M-180：⇄M=M+180◢
N<P⇒Goto 0◢
F=M-B◢
Abs F<W⇒F=-F÷P：⇄Goto E◢
N=0：M=A
Lbl 1
N=N+1：M=M+Z [2N-1] +F

M＞180⇒M=M−180：⇌M=M+180◢
Z[2N−1]=M
N＜P⇒Goto 1◢
N=0：M=0：G=0：H=0：P=P−1
Lbl 2
N=N+1
{D}：Z[2N]=D：M=M+D
X=DcosZ[2N−1]：Y=DsinZ[2N−1]
G=G+X：H=H+Y
Z[2N−1]=X：Z[2N]=Y
N＜P⇒Goto 2◢
G=G+I−K：H=H+J−L
Q=M÷√‾(G²+H²)◢
Q＞2000⇒G=−G÷M：H=−H÷M：⇌Goto E◢
N=0：X=I：Y=J
Lbl 3
N=N+1◢
D=√‾(Z[2N−1]²+Z[2N]²)
X=X+Z[2N−1]+DG◢
Y=Y+Z[2N]+DH◢
Z[2N−1]=X：Z[2N]=Y
N＜P⇒Goto 3◢
Lbl E

提示：

1）程序中命令 Defm 12 是按 4 个未知点设置，计算时要根据实际的未知水准点个数进行修改。如未知点个数为 n，则应将其修改为数值 2（$n+2$）。

2）程序中的角度闭合差及导线相对闭合差的限差是按照钢尺量距图根导线设置，计算前需要按照导线的实际类型和级别参照表 6-8～表 6-10 的要求修改。

3）导线中的水平角要求为左角，如某个角度观测的是右角，则需要先用公式"左角=360−右角"将其化算为左角后才能进行计算。

【例 6-3】 图 6-2 为某图根附合导线略图。BA 为起点已知边，CD 为终点已知边，共有 4 个未知点，图中箭头表示导线计算方向，观测的 6 个水平夹角位于导线计算方向的左边，已知数据、观测数据及近似平差法计算的全过程见表 6-12。

(3) 操作步骤。

计算案例的数据见表 6-12。将上述程序以 DXJS 的文件名输入计算器后，按键 [MODE] 5 2 及 [▽] 选择程序 DXJS 按 [EXE] 键，屏

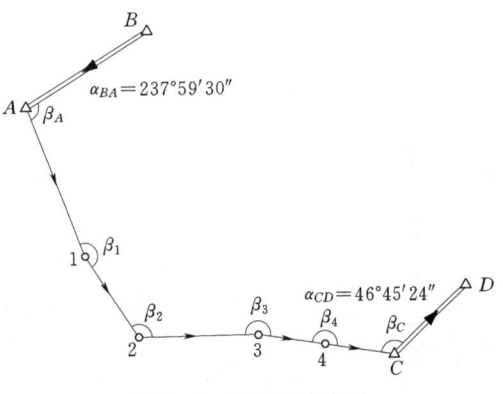

图 6-2 附合导线略图

附合导线坐标计算表

表 6-12

点号	观测角(左角)(° ′ ″)	改正数(″)	改正角(° ′ ″)	坐标方位角(° ′ ″)	距离(m)	坐标增量 Δx (m)	坐标增量 Δy (m)	改正后的坐标增量 Δ$\hat{x}$ (m)	改正后的坐标增量 Δ$\hat{y}$ (m)	坐标值 $\hat{x}$ (m)	坐标值 $\hat{y}$ (m)	点号
1	2	3	4	5	6	7	8	9	10	11	12	13
B				237 59 30								
A	99 01 00	+6	99 01 06	157 00 36	225.85	+5 −207.91	+4 +88.21	−207.86	+88.17	2507.69	1215.63	A
1	167 45 36	+6	167 45 42	144 46 18	139.03	+3 −113.57	−3 +80.20	−113.54	+80.17	2299.83	1303.80	1
2	123 11 24	+6	123 11 30	87 57 48	172.57	+3 +6.13	−3 +172.46	+6.16	+172.43	2186.29	1383.97	2
3	189 20 36	+6	189 20 42	97 18 30	100.07	+2 −12.73	−2 +99.26	−12.71	+99.24	2192.45	1556.40	3
4	179 59 18	+6	179 59 24	97 17 54	102.48	+2 −13.02	−2 +101.65	−13.00	+101.63	2179.74	1655.64	4
C	129 27 24	+6	129 27 30	46 45 24						2166.74	1757.27	C
D												
总和	888 45 18	+36	888 45 54		740.00	−341.10	+541.78	−340.95	+541.64			

辅助计算：

$\alpha'_{CD} = 46°44'48''$

$\alpha_{CD} = 46°45'24''$

$f_\beta = \alpha'_{CD} - \alpha_{CD} = +36''$

$f_{\beta允} = \pm 60''\sqrt{n} = \pm 147''$

$f_x = \sum \Delta x_{测} - (x_C - x_A) = -0.15\text{m}, \quad f_y = \sum \Delta y_{测} - (y_C - y_A) = +0.14\text{m}$

导线全长闭合差：$f = \sqrt{f_x^2 + f_y^2} = 0.20\text{m}$

导线相对闭合差：$K = \dfrac{1}{\sum D/f} \approx \dfrac{1}{3700}$

允许相对闭合差：$K_允 = 1/2000$

幕提示及操作步骤如表 6-13 所示。

表 6-13　　　　　　　　　　　　操　作　步　骤

步骤	显　示	按　键	注　释
1	P? ×××	4 EXE	输入未知点点数
2	A? ×××	237 °'" 59 °'" 30 °'" EXE	输入起点坐标方位角
3	B? ×××	46 °'" 45 °'" 24 °'" EXE	输入终点坐标方位角
4	I? ×××	2507.69 EXE	输入起点 X 坐标
5	J? ×××	1215.63 EXE	输入起点 Y 坐标
6	K? ×××	2166.74 EXE	输入终点 X 坐标
7	L? ×××	1757.27 EXE	输入终点 Y 坐标
8	C? ×××	99 °'" 01 °'" 00 °'" EXE	从起点至终点顺序输入水平夹角（左角）
9	C? 99.01666667	167 °'" 45 °'" 36 °'" EXE	
10	C? 167.76	123 °'" 11 °'" 24 °'" EXE	
11	C? 123.19	189 °'" 20 °'" 36 °'" EXE	
12	C? 189.3433333	179 °'" 59 °'" 18 °'" EXE	
13	C? 179.9883333	129 °'" 27 °'" 24 °'" EXE	
14	F=−0°00′36″	EXE SHIFT ←	角度闭合差
15	D? ×××	225.85 EXE	从起点至终点顺序输入水平距离
16	D? 225.85	139.03 EXE	
17	D? 139.03	172.57 EXE	
18	D? 172.57	100.07 EXE	
19	D? 100.07	102.48 EXE	
20	Q=3728.879405	EXE	导线相对闭合差分母值
21	N=1	EXE	1 点坐标
22	X=2299.822795	EXE	
23	Y=1303.798945	EXE	
24	N=2	EXE	2 点坐标
25	X=2186.282003	EXE	
26	Y=1383.971019	EXE	
27	N=3	EXE	3 点坐标
28	X=2192.448762	EXE	
29	Y=1556.400376	EXE	
30	N=4	EXE	4 点坐标
31	X=2179.738561	EXE	
32	Y=1655.639061	EXE	
33	N=5	EXE	终点坐标检核
34	X=2166.74	EXE	
35	Y=1757.27	EXE	

四、单一闭合导线的近似平差计算

闭合导线计算仍然可以使用上述附合导线计算程序 DXJS 进行。某钢尺量距图根闭合导线的数据如图 6-3 所示，运行程序 DXJS 的操作步骤如下：

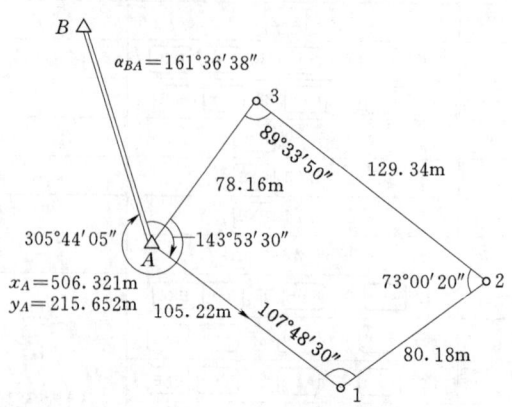

图 6-3 闭合导线略图

按键 MODE 5 2 及 ▽ 选择程序 DXJS，按键 EXE，屏幕提示及操作步骤如表 6-14 所示。

表 6-14　　　　　　　　　操 作 步 骤

步骤	显 示	按 键	注 释
1	P? ×××	3 EXE	输入未知点点数
2	A? ×××	161 °'" 36 °'" 38 °'" EXE	输入起点坐标方位角
3	B? ×××	341 °'" 36 °'" 38 °'" EXE	输入终点坐标方位角
4	I? ×××	506.321 EXE	输入起点 X 坐标
5	J? ×××	215.652 EXE	输入起点 Y 坐标
6	K? ×××	506.321 EXE	输入终点 X 坐标
7	L? ×××	215.652 EXE	输入终点 Y 坐标
8	C? ×××	143 °'" 53 °'" 30 °'" EXE	从起点至终点顺序输入水平夹角（左角）
9	C? 143.8916667	107 °'" 48 °'" 30 °'" EXE	
10	C? 107.8083333	73 °'" 00 °'" 20 °'" EXE	
11	C? 73.00555556	89 °'" 33 °'" 50 °'" EXE	
12	C? 89.56388889	305 °'" 44 °'" 05 °'" EXE	
13	F=-0°00′15″	EXE SHIFT ←	角度闭合差
14	D? ×××	105.22 EXE	从起点至终点顺序输入水平距离
15	D? 105.22	80.18 EXE	
16	D? 80.18	129.34 EXE	
17	D? 129.34	78.16 EXE	
18	Q=3959.187672	EXE	导线相对闭合差分母值

续表

步骤	显示	按键	注释
19	N=1	EXE	
20	X=445.1990942	EXE	1点坐标
21	Y=301.3310593	EXE	
22	N=2	EXE	
23	X=493.0927867	EXE	2点坐标
24	Y=365.6395750	EXE	
25	N=3	EXE	
26	X=569.6660809	EXE	3点坐标
27	Y=261.4427351	EXE	
28	N=4	EXE	
29	X=506.321	EXE	终点坐标检核
30	Y=215.652	EXE	

第七部分　工程测量实训报告

院校名称：_____

指导教师：_____

班　　级：_____

小　　组：_____

姓　　名：_____

学　　号：_____

时　　间：_____

说 明

工程测量实训主要有地形测量、线路测量、建筑物的施工放样和数字测图等内容，具体工作主要有准备工作，平面和高程控制测量的控制网布设、选点，高程控制测量外业和内业，平面控制测量外业和内业，地形图测绘，线路测量的选线，纵横断面测量，纵横断面图的绘制和土方计算，建筑物的施工控制和放样等。在测量实训过程中，每个学生都必须对在各项工作中的测量数据进行记录和计算及实训总结，实训结束后学生要上交实训报告，作为评定学生测量实训成绩的成果之一。测量实训报告的表格有以下几个方面，各院校根据实际情况选用。

一、地形图测绘
（一）实训准备工作阶段
1. 水准仪的检验和校正表
2. 经纬仪检验校正记录表

（二）控制测量阶段
1. 测区平面控制网布设示意图
2. 测区高程控制网布设示意图
3. 水准测量记录表
4. 水准路线高差闭合差调整和高程计算表
5. 水平角观测和边长测量记录表
6. 坐标计算表

（三）地形图测绘阶段
1. 地形测量记录表
2. 测图检查记录表

二、渠道测量（线路测量）
1. 渠道线路平面示意图
2. 渠道线路纵、横断面测量记录表
3. 渠道线路纵、横断面图绘制（图纸学生自备）
4. 渠道线路填挖土（石）计算表

三、建筑物施工放样的示意图、测设数据计算、测设检查等记录

四、工程测量实训总结（2000字）

以上这些表格，各院校根据具体实训情况进行选用。

水准仪检验与校正记录表

仪器编号：_____ 日期：_____ 小组：_____ 姓名：_____

1. 一般检查	三脚架是否牢稳				
	制动、微动螺旋是否有效				
	其他				
2. 圆水准器轴平行于竖轴的检、校	①使望远镜平行其中两个脚螺旋，转脚螺旋使圆气泡居中				
	②转动望远镜180°次数	1	2	3	4
	圆气泡不居中，偏差（mm）				
3. 十字丝横丝垂直于竖轴的检、校	检验次数	1	2	3	4
	误差是否显著和校正				

4. 水准管轴平行于视准轴的检验和校正

仪器安置在 A、B 点的中间求正确高差（改变仪器高法测两次高差）		搬仪器于前视 B 点旁（约3m）检验与校正		
第一次测量	A 点尺上中丝读数 a_1		第一次检校	B 点（近尺）中丝读数 b_3	
	B 点尺上中丝读数 b_1			A 点（远尺）中丝读数 a_3	
	A、B 两点高差：$h_1 = a_1 - b_1$			A 点（远尺）中丝应读数 $a_3' = b_3 + h_{AB}$	
				视准轴偏（上下）之数值 $\Delta = a_3 - a_3' =$	
第二次测量	A 点尺上中丝读数 a_2		计算	$i = (\Delta / D_{AB}) \rho'' =$	
	B 点尺上中丝读数 b_2		第二次检校	B 点（近尺）中丝读数 b_4	
	A、B 两点高差：$h_2 = a_2 - b_2$			A 点（远尺）中丝读数 a_4	
				A 点尺（远尺）应读数 $a_4' = b_4 + h_{AB} =$	
				视准轴偏（上下）之数值 $\Delta = a_4 - a_4'$	
A、B两点正确高差	两次测量高差之差≤3mm 时，取平均高差作为正确高差 $h_1 - h_2 =$ $h_{AB} = \dfrac{h_1 + h_2}{2} =$		i 角	$i = (\Delta / D_{AB}) \rho'' =$	
			第三次检校	B 点尺（近尺）读数 b_5	
				A 点尺（远尺）读数 a_5	
				A 点尺（远尺）应读数 $a_5' = b_5 + h_{AB}$	
				视准轴偏（上下）之数值 $\Delta = a_5 - a_5'$	
	规范规定 DS$_3$ 型仪器：$i \leqslant 20''$		计算	$i = (\Delta / D_{AB}) \rho'' =$	

光学经纬仪检验与校正

仪器型号：_____　　班级：_____　　组别：_____　　日期：_____

		检验次序	气泡偏离量		水准管轴与竖轴的垂直度偏差		备注
一	水准管轴垂直于横轴	1					
		2					
		3					
二	十字丝竖丝垂直于横轴	检验次序					
		1					
		2					
		3					
三	视准轴垂直于横轴	检验次序	水平度盘读数		垂直度偏差（视准轴误差 C）	盘右正确读数 $(R+C)$	
			盘左 L	盘右 R			
		1					
		2					
		3					
四	横轴垂直于竖轴（用钢尺量取仪器到墙面水平距离 $D=20.12\mathrm{m}$）	检验次序	竖盘位置	竖盘读数	半测回角	指标差 x	一测回角 α	$P_1 P_2$	垂直度偏差 i	
		1	左							
			右							
		2								
		3								
五	竖盘指标差	检验次序	竖盘读数		指标差 x	校正时盘右正确读数 $(R-X)$	
			盘左 L	盘右 R			
		1					
		2					
六	光学对中器	检验次序	观测对中器分划板上偏离量		偏离量的均值	对中器视轴与竖轴的同轴度偏差	
			距经纬仪 1.5m	距经纬仪 0.6m			
		1					
		2					

测区平面控制网布设示意图

测区高程控制网布设示意图

普通水准测量记录表

仪器型号：_____ 天气：_____ 观测者：_____ 记录者：_____ ___年___月___日

测站编号	立尺点号	水准尺中丝读数（m）		高差（m）	高程（m）	备注
		后视 a	前视 b			
计算校核	Σ					

高差闭合差：$f_h=$

容许高差闭合差：$f_{h容}=$

普通水准测量记录表

仪器型号：_____ 天气：_____ 观测者：_____ 记录者：_____ ____年____月____日

测站编号	立尺点号	水准尺中丝读数（m）		高差 (m)	高程 (m)	备注
		后视 a	前视 b			
计算校核	Σ					

高差闭合差：$f_h=$
容许高差闭合差：$f_{h容}=$

四等水准测量手簿（双面尺法：后—后—前—前）

仪器：_____　　　___年___月___日　　观测者：_____　　　记录者：_____

测站编号	立尺点号	后尺 上丝 下丝 后视距 视距差 d (m)	前尺 上丝 下丝 前视距 $\sum d$ (m)	方向及尺号	水准尺读数（m） 黑面	水准尺读数（m） 红面	$K+$黑$-$红 (mm)	平均高差 (m)	备注
		(1)	(5)	后	(3)	(4)	(14)		
		(2)	(6)	前	(7)	(8)	(13)	(18)	
		(9)	(10)	后—前	(15)	(16)	(17)		
		(11)	(12)						
									$K_1=$ $K_2=$
计算校核	$\sum (9)=$ $-\sum (10)=$ $=$ 总视距$=\sum (9)+\sum (10)=$		$\sum [(3)+(4)]=$ $-\sum [(7)+(8)]=$		$\sum [(15)+(16)]$		$\sum (18)=$ $2\sum (18)=$		

四等水准测量手簿（双面尺法：后—后—前—前）

仪器：_____　　　___年___月___日　　观测者：_____　　　记录者：_____

测站编号	立尺点号	后尺 上丝 / 下丝 / 后视距 / 视距差 d（m）	前尺 上丝 / 下丝 / 前视距 / Σd（m）	方向及尺号	水准尺读数（m） 黑面	水准尺读数（m） 红面	K+黑−红（mm）	平均高差（m）	备注
		(1)	(5)	后	(3)	(4)	(14)		
		(2)	(6)	前	(7)	(8)	(13)	(18)	
		(9)	(10)	后−前	(15)	(16)	(17)		
		(11)	(12)						
									$K_1=$ $K_2=$

| 计算校核 | Σ(9)＝ −Σ(10)＝ ＝ 总视距＝Σ(9)＋Σ(10)＝ | Σ[(3)＋(4)]＝ −Σ[(7)＋(8)]＝ ＝ | Σ[(15)＋(16)]＝ | Σ(18)＝ 2Σ(18)＝ |

_____水准路线高程计算

班级：_____　　　　___年___月___日　　　计算者：_____　　　学号：_____

点号	测站数（或路线长度）	测得高差 (m)	高差改正数 (m)	改正后高差 (m)	高程 (m)	点号
Σ						

高差闭合差：$f_h=$

容许高差闭合差额：$f_{h容}=$

_____水准路线高程计算

班级：_____　　____年____月____日　　计算者：_____　　学号：_____

点号	测站数（或路线长度）	测得高差(m)	高差改正数(m)	改正后高差(m)	高程(m)	点号
Σ						

高差闭合差：$f_h =$

容许高差闭合差额：$f_{h容} =$

距 离 测 量 记 录 表

200＿＿年＿＿月＿＿日　　　　　　　　小组：＿＿＿＿＿＿＿　　　　　　　　记录：＿＿＿＿＿＿＿

测段号	往测长度 (m)	返测长度 (m)	平均长度 (m)	往返差 (m)	相对误差 K	高测段高差 (m)	测段平距 (m)

平均长度：$D_{平} = (D_{往} + D_{返})/2 =$

相对误差：$K = \dfrac{|D_{往} - D_{返}|}{D_{平}} = \dfrac{1}{M} =$

容许误差：$K_{容} = \dfrac{|D_{往} - D_{返}|}{D_{平}} = \dfrac{1}{3000}$

导线测量外业记录表

____年___月___日　　天气：_____　　仪器型号：_____　　组号：_____
观测者：_____　　记录者：_____　　参加者：_____

测点	盘位	目标	水平度盘读数（° ′ ″）	水平角		示意图及边长
				半测回值（° ′ ″）	一测回值（° ′ ″）	
						边长名：_____ 第一次＝_____ m 第二次＝_____ m 平　均＝_____ m 相对误差： $K=$
						边长名：_____ 第一次＝_____ m 第二次＝_____ m 平　均＝_____ m 相对误差： $K=$
						边长名：_____ 第一次＝_____ m 第二次＝_____ m 平　均＝_____ m 相对误差： $K=$
						边长名：_____ 第一次＝_____ m 第二次＝_____ m 平　均＝_____ m 相对误差： $K=$
校核	角度闭合差：$f=$ 容许闭合差：$f_{B容}=$					

导线测量外业记录表

____年___月___日 天气：_____ 仪器型号：_____ 组号：_____
观测者：_____ 记录者：_____ 参加者：_____

测点	盘位	目标	水平度盘读数（° ′ ″）	水平角		示意图及边长
				半测回值（° ′ ″）	一测回值（° ′ ″）	
						边长名：_____ 第一次 =_____ m 第二次 =_____ m 平　均 =_____ m 相对误差： K =
						边长名：_____ 第一次 =_____ m 第二次 =_____ m 平　均 =_____ m 相对误差： K =
						边长名：_____ 第一次 =_____ m 第二次 =_____ m 平　均 =_____ m 相对误差： K =
						边长名：_____ 第一次 =_____ m 第二次 =_____ m 平　均 =_____ m 相对误差： K =
校核		角度闭合差：$f=$ 容许闭合差：$f_{B容}=$				

导线坐标计算表

_____年_____月_____日　　　　　　　　　　　计算者：_____　　　　学号：_____

点号	观测角改正数 (° ′ ″)	改正后角值 (° ′ ″)	坐标方位角 (° ′ ″)	边长 D (m)	坐标增量计算值		改正后坐标增量		坐标值	
					Δx	Δy	$\Delta x' = \Delta x + v_x$	$\Delta y' = \Delta y + v_y$	x	y
					改正数 v_x	改正数 v_y				
1	2	3	4	5	6	7	8	9	10	11
Σ										

辅助计算	角度闭合差：$f_\beta =$　　　　　$f_x =$　　　　　$f_y =$　　　　　$f_D =$ 容许角度闭合差：$f_容 =$　　　　　全长相对闭合差：$K =$

导线坐标计算表

____年____月____日　　　　　　　　计算者：_____　　　　　学号：_____

点号	观测角改正数 (° ′ ″)	改正后角值 (° ′ ″)	坐标方位角 (° ′ ″)	边长 D (m)	坐标增量计算值		改正后坐标增量		坐标值	
					Δx	Δy	$\Delta x' = \Delta x + v_x$	$\Delta y' = \Delta y + v_y$		
					改正数 v_x	改正数 v_y			x	y
1	2	3	4	5	6	7	8	9	10	11
Σ										
辅助计算	角度闭合差：$f_\beta =$　　　　$f_x =$　　　　$f_y =$　　　　$f_D =$ 容许角度闭合差：$f_容 =$　　　　全长相对闭合差：$K =$									

地形测量记录表

测站点号：_____ 零方向点号：_____ 测站高程（$H_{站}$）=_____ 仪器高度（i）=_____ 观测者：_____ 记录者：_____

立尺点号	下丝读数	上丝读数	$kl=100×$（下－上）	中丝读数 v	竖盘读数 L（盘左）	竖直角 α $=90°-L$	高差主值 $h'=D\tan\alpha$	高差 $h=h'+i-v$	测点高程 $H=H_{站}+h$	水平角 β	平距 $D=kl\cos^2\alpha$	点号说明
1	2	3	4	5	6	7	8	9	10	11	12	

地形测量记录表

测站点号：_____　　零方向点号：_____　　测站高程（$H_站$）= _____　　仪器高度（i）= _____　　观测者：_____　　记录者：_____

测站点号	立尺点号	下丝读数	上丝读数	$kl=100×$ （下-上）	中丝读数 v	竖盘读数 （盘左）L	竖直角 α $=90°-L$	高差主值 $h'=D\tan\alpha$	高差 $h=h'+i-v$	测点高程 $H=H_站+h$	水平角 β	平距 $D=kl\cos^2\alpha$	点号说明
1	2	3	4	5	6	7	8	9	10	11	12		

线路(渠道)纵断面水准测量记录表

___年___月___日   班级：_____   小组：_____   学号：_____   姓名：_____

测站	桩号	水准尺中丝读数			高差（m）		视线高程（m）	桩号高程（m）	备注
		后视（m）	前视（m）	间视（m）	－	＋			

高差闭合差：$f_h=$
容许闭合差：$f_{h容}=$

线路（渠道）纵断面水准测量记录表

____年____月____日   班级：_____   小组：_____   学号：_____   姓名：_____

测站	桩号	水准尺中丝读数			高差（m）		视线高程（m）	桩号高程（m）	备注
		后视（m）	前视（m）	间视（m）	－	＋			

高差闭合差：$f_h=$

容许闭合差：$f_{h容}=$

206

横断面测量记录表

___年___月___日　　班级：_____　　小组：_____　　学号：_____　　姓名：_____

左侧横断面	中心桩号	右侧横断面

横 断 面 测 量 记 录 表

___年___月___日　　班级：_____　　小组：_____　　学号：_____　　姓名：_____

左侧横断面	中心桩号	右侧横断面

＿＿＿＿＿＿渠道（线路）土方计算表

班级：＿＿＿＿＿＿　　　学号：＿＿＿＿＿＿　　　姓名：＿＿＿＿＿＿

桩号	地面高程（m）	渠底设计高程（m）	应填（m）	应挖（m）	断面面积（m²）		平均断面面积（m²）		距离（m）	体积（m³）	
					填	挖	填	挖		填	挖
							合计				

_____ 渠道（线路）土方计算表

班级：_____   学号：_____   姓名：_____

桩号	地面高程（m）	渠底设计高程（m）	应填（m）	应挖（m）	断面面积（m²）		平均断面面积（m²）		距离（m）	体积（m³）	
					填	挖	填	挖		填	挖
								合计			

建筑物施工放样

一、建筑物测设示意图及已知数据

二、测设数据计算

三、测设方法及精度要求

四、测设检查

建筑物施工放样

一、建筑物测设示意图及已知数据

二、测设数据计算

三、测设方法及精度要求

四、测设检查

水准测量操作技能考核记录表

___年___月___日　　小组：_____　　观测者：_____　　学号：_____

测站编号	立尺点号		水准尺中丝读数	平均高差	高程(m)	备注
	后视点号					
	前视点号					
	高差＝后－前					
	后视点号					
	前视点号					
	高差＝后－前					
	后视点号					
	前视点号					
	高差＝后－前					
	后视点号					
	前视点号					
	高差＝后－前					
计算校核	∑后视			高差闭合差：$f_h=$		
	∑前视					
	∑高差					
规定与示意图	1. 规定：$f_{h允}=\pm 12\sqrt{n}=\pm 21$（mm），水准尺固定在 3 个点上，每人独立完成 3 站闭合水准路线的观测。完成时间：5～8min 及格，3～5min 良好，3min 内优秀。 2. 水准路线示意图：					
完成观测时间	_____ min _____ s					
误差是否合格						
教师签名						

角度测量操作技能考核记录表

___年___月___日　　小组：_____　　观测者：_____　　学号：_____

测站点号	竖盘位置	目标	水平度盘读数 (° ′ ″)	半测回水平角 (° ′ ″)	一测回角值 (° ′ ″)	各测回平均值 (° ′ ″)
	盘左					
	盘右					
	盘左					
	盘右					
	盘左					
	盘右					
	盘左					
	盘右					
	盘左					
	盘右					

规定与示意图	1. 规定：照准部水准管偏差≤1格，对中误差≤3mm，半测回差≤40″，测回差≤24″，每人独立观测两测回，完成时间：8～10min及格，6～8min良好，6min内优秀。 2. 观测示意图：
完成观测时间	_____ min _____ s
误差是否合格	照准部水准管偏差（　　），照准部水准管偏差（　　），对中误差（　　），半测回差（　　），测回差（　　）。
教师签名	

工程测量实训总结

工程测量实训总结